May Me Style

簡單穿就好看！

May Me Style

Message

本書收錄一年四季都百搭的連身裙＆長版上衣。
不論是搭配褲子或緊身褲，
都是我喜歡的打扮。

書中記載的作品，
沒有使用困難的技術，
而是著重在描繪出成熟女性的風情，
設計出每天都想搭配的連身裙＆長版上衣。

請搭配當季的喜好挑選布料，
試著作看看吧！

伊藤みちよ

圖中搭配上衣：
P.8絲瓜領長版上衣。

簡單穿就好看！

大人女子の
生活感製衣書

伊藤みちよ——著

Contents

燈籠連袖連身裙
（肩線荷葉邊設計）

PHOTO▲P. 25
HOW TO MAKE▲P. 63

燈籠連袖連身裙
（袖子荷葉邊設計）

PHOTO▲P. 23
HOW TO MAKE▲P. 64

襯衫長版上衣

PHOTO▲P. 26
HOW TO MAKE▲P. 68

錐形褲

PHOTO▲P. 26
HOW TO MAKE▲P. 70

長版開襟衫

PHOTO▲P. 28
HOW TO MAKE▲P. 72

連身七分褲

PHOTO▲P. 30
HOW TO MAKE▲P. 65

立領長版上衣
（有袖）

PHOTO▲P. 32
HOW TO MAKE ▶ P. 74

立領上衣
（有袖）

PHOTO▲P. 33
HOW TO MAKE▲P. 74

無領大衣

PHOTO▲P. 34
HOW TO MAKE▲P. 76

環保袋

PHOTO▲P. 34
HOW TO MAKE▲P. 79

實作教學
立領長版上衣　　　▲P. 38

HOW TO MAKE ▲P. 41~

原寸紙型

小圓領連身裙
（不同布料）

PHOTO▲P. 36
HOW TO MAKE▲P. 56

長版開襟衫
（不同布料）

PHOTO▲P. 37
HOW TO MAKE▲P. 72

不受拘束の休閒風

船形領連身裙

洗練的領口最適合多層次穿搭。
搭配襯衫、上衣，秋冬季節則適合加入高領上衣，
以水洗加工丹寧布製作，搭配俏皮醒目的白色裝飾線，
是四季都百搭的款式。

HOW TO MAKE ▶ P.44

作法簡單×穿著舒適

連袖連身裙

寬鬆四角形上衣搭配極具女人味的傘狀連身裙。
連袖款式顯得更加簡單有型。
選擇有張力的布料,看起來更正式。

HOW TO MAKE ▶ **P.47**

小領片&細褶設計是重點

絲瓜領長版上衣

絲瓜領的作法非常簡單，
領圍的細褶設計也很可愛。
蝙蝠袖般的款式，與身片化為一體。

HOW TO MAKE ▶ P.49

布料提供 / fabricbird

圖中搭配的是P.27錐形褲。

稍顯蓬鬆的輪廓成熟又可愛

繭形長版上衣

如繭一般的「繭形」造型。
可以完全包覆身體修飾的款式。
更顯女人味。
在豔陽底下，鮮豔色系的亞麻布料加倍閃耀。

HOW TO MAKE ▶ P.51

布料提供 / 安田商店

無釦子設計也很可愛

立領長版上衣

將剪接作在前中心片的設計，
搭配領子，也無釦子需求。
沿著肩膀一體的連袖造型，
可以修飾身型。

HOW TO MAKE ▶ P.38 （圖解作法）

背影看起來也很帥氣

立領上衣

衣身改成短版上衣。
後片較長的個性化設計，還可修飾身材比例。
搭配窄版褲或是七分褲等，
嘗試各種穿搭的樂趣。

HOW TO MAKE　　　P.38 （圖解作法）

布料提供 / fabricbird

沒有前後之分的簡單設計！

小圓領連身裙

相同身片縫製更加簡單。
不同於高領的小圓領設計，
展現大人味的魅力。

HOW TO MAKE ▶ P.56

一件就百搭！

羅紋緊身褲

腳踝緊縮設計的羅紋緊身褲。
稍稍拉高增加垂墜度，
也是一種穿搭技巧。

HOW TO MAKE ▶ P.78

布料提供／布地のお店　Solpano（連身裙）

蝙蝠袖連身裙

蝙蝠袖上衣

度假最好的裝扮

蝙蝠袖連身裙

觸感舒適沁涼清爽的蝙蝠袖連身裙，
腰線採鬆緊帶設計。
建議選用輕薄布料製作。

HOW TO MAKE ▷ **P.53**

布料提供／きれ屋さんポプリ

短版設計可愛又俏皮

蝙蝠袖上衣

長度改短的上衣款式。
袖口及下襬裝上鬆緊帶，
雖然寬鬆，但又帶有簡潔感。
作法也非常簡單。

HOW TO MAKE ▶ P.55

布料提供 / NOMURATAILOR

造型穿搭的好幫手

細肩帶背心連身裙

襯托出簡單穿搭，
高雅成熟的造型，前開襟細肩帶背心連身裙。
不收邊的下襬設計更顯輕盈。

HOW TO MAKE ▶ P.58

布料提供 / Linen Dolce

燈籠連袖連身裙

燈籠連袖連身裙（袖子荷葉邊設計）

改變荷葉設計位置
燈籠連袖連身裙

不需要複雜的袖子縫製工程，
簡單完成的燈籠連袖連身裙。
改變荷葉設計位置，外表印象馬上不一樣。
請從裡面找到一款自己喜歡的款式。

無荷葉邊設計

稍寬的袖口布，
端莊又不會太過可愛，
印花圖案非常時尚。

HOW TO MAKE ▶ P.60

可愛的胸前荷葉邊設計

強調直線的荷葉邊設計。
使用斜紋布織帶，
才能作出美麗的細褶形狀。

HOW TO MAKE ▶ P.62

布料提供 / Faux&Cachet Inc.（胸前荷葉邊設計）

高雅的肩線荷葉邊設計

成熟又優雅的肩線荷葉邊設計。
正式場合也可以搭配。
集中在上身的視線，讓整體比例更加修長。

HOW TO MAKE ▶ P.63

袖口荷葉邊設計活力滿點

展現休閒&華麗感，
在袖口車縫上荷葉邊，
豔陽照耀下更顯可愛的袖款。

HOW TO MAKE ▶ P.64

布料提供 / 布地のお店　Solpano（肩線荷葉邊設計）、布地のお店　petitfavori（袖子荷葉邊設計）

一年四季都百搭

襯衫長版上衣

台領設計的正式襯衫款。
嚴選的領型更襯托清爽的臉部五官。
不管何時都給人好心情的格紋布料。

HOW TO MAKE ▶ P.68

簡潔版型

錐形褲

搭配連身裙或長版上衣都很合適的設計。
恰到好處的合身錐形褲，
展現最想要的時尚感。

HOW TO MAKE ▶ P.70

布料提供 / fabric-store（連身裙）

休閒帥氣穿著

長版開襟衫

時尚的長版開襟衫。
與身片一體成形的休閒風領子，
反摺後也可以很正式，
而且十分百搭。

HOW TO MAKE ▸ P.72

布料提供 / Faux&Cachet Inc.

最想要的手作款式！

連身七分褲

深V領設計的連身七分褲穿起來很有韻味。
胸前襠布可以拆下，
也可作為休閒的寬版七分褲搭配。

HOW TO MAKE ▶ P.65

布料提供 / fabric-store

休閒寬鬆的袖子

立領長版上衣

P.12款式添加上長袖設計。
摺疊褶襉的寬鬆袖子，
搭配寬版袖口布固定。

HOW TO MAKE ▶ **P.74**

清爽的領子＆袖口設計

立領上衣

別布剪接的領子及袖子，雙色襯衫款式。
寬鬆的尺寸，春夏季節可單穿，
秋冬季節則搭配內搭的上衣，
四季穿搭都OK！

HOW TO MAKE ▶ P.74

布料提供 / fabric-store

時尚的局部印花圖案

無領大衣

貼邊、袖口、綁繩的局部印花布料。
不論是綁在前片或是後片，
隨意垂放著就很好看。

HOW TO MAKE ▶ P.76

攜帶太多物品也不用擔心

環保袋

只需一片製作而成的環保袋。
堅固的袋縫車法，
可以收納大量小物。

HOW TO MAKE ▶ P.79

布料提供 / Linen Dolce

溫暖的針織材質布料

小圓領連身裙

將P.14作品改採用冬天的布料。
方便行動的針織布，
最適合日常生活的穿搭。

HOW TO MAKE ▶ P.56

以羊毛素材製作

長版開襟衫

將P.28作品改採用羊毛素材的布料。
涼爽秋天裡也非常百搭的
輕薄開襟衫。

HOW TO MAKE ▶ P.72

布料提供 / 安田商店

立領長版上衣・立領上衣

● 完成尺寸（Free size）
Free size
胸圍　136cm
衣長　98cm（長版上衣）、
　　　73.5cm（上衣）

● 材料
長版上衣
棉質尼龍Herringbone寬144cm×200cm
黏著襯50cm×10cm

上衣
亞麻格紋布寬145cm×150cm
黏著襯50cm×10cm

原寸紙型2面【07】（長版上衣）【08】（立領上衣）
1-前片、2-後片、3-領子

裁布圖

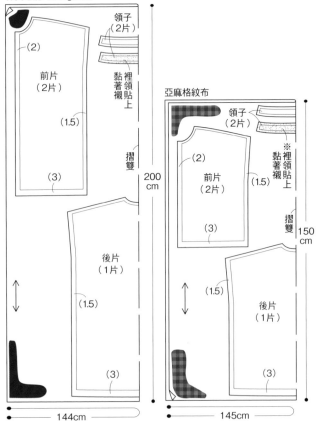

※除了指定處之外，縫份皆為1cm。
※ 貼上黏著襯。

準備

裡領貼上黏著襯。

前後片肩線進行Z字形車縫。

1 車縫前開衩

- 0.5
- 0.2
- 邊機縫

前片（背面）

① 前端摺疊0.5cm，邊機縫（摺山邊端車縫）。

前片（背面）

開衩止點
1.5
車縫

前片（背面）｜前片（背面）｜燙開

燙開縫份。

② 前片正面相對疊合車縫。前中心縫份1.5cm車縫至開衩止點。

2 車縫肩線

車縫　1　後片（正面）　1　車縫

前片（背面）　前片（背面）

① 前片與後片正面相對疊合，肩線縫份1cm車縫。

3 製作領子・接縫

前片（正面）

Z字形車縫

② 前～後片脇邊進行Z字形車縫。

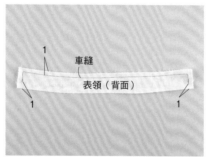

1　車縫

表領（背面）

1　　　　　1

① 表裡領正面相對疊合，縫份1cm車縫。接縫領圍側的縫份不車縫。

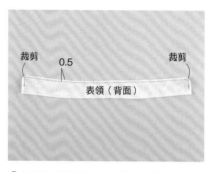

裁剪　0.5　裁剪

表領（背面）

② 周圍縫份裁剪0.5cm縫份，裁剪兩角。

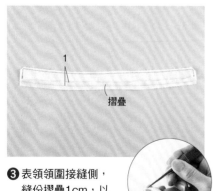

1

摺疊

以錐子輔助，製作漂亮邊角。

③ 表領領圍接縫側，縫份摺疊1cm，以熨斗熨燙，翻至正面。

後片（正面）　裡領（背面）

前片（正面）

前片（背面）

④ 前片領圍及裡領對齊。

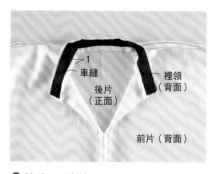

1　車縫

裡領（背面）

後片（正面）

前片（背面）

⑤ 縫份1cm車縫。

❻ 領圍縫份剪牙口。

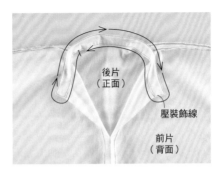

❼ 領子翻至正面，包捲縫份，從表面壓線一圈。從肩端開始壓線，回針縫處就不會太明顯。

❽ 領子完成。

4 車縫脇邊

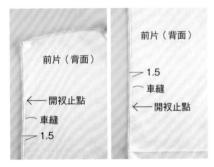

❶ 前後片正面相對疊合，沿著袖襱至下襱開衩縫份1.5cm處車縫。

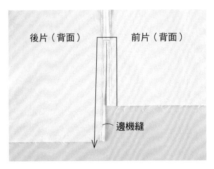

❷ 從下襱開衩下側縫份依0.5→1cm寬度三摺邊，前片至後片連著コ字邊機縫。

5 車縫袖襱

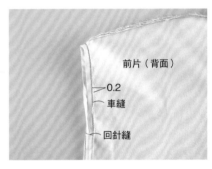

燙開脇邊縫份。袖襱縫份二摺邊車縫。袖下為了補強回針縫2至3次。

6 車縫下襱

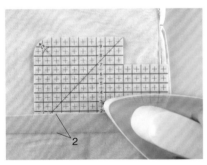

❶ 下襱1→2cm寬度三摺邊。一邊熨燙一邊確認摺邊寬度，使用熨燙輔助尺更加方便。

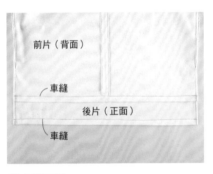

❷ 車縫下襱。

完成

HOW TO MAKE

・本書每件作品都附有S・M・L・LL尺寸。
　請依據P.42尺寸表及作品完成尺寸選擇製作大小。

・裁布圖依據M尺寸製作各作品。依尺寸或使用布料的差
　異，多少會有些微差異，裁剪前請先放置紙型確認。

・裙子、腰帶等直線裁剪未附紙型。請參考裁布圖的尺寸，直
　接在布料上畫線裁剪。

・原寸紙型未附縫份。請參考裁布圖附上縫份。

開始製作作品之前

▎關於尺寸

請參考右側尺寸表製作作品。請配合製作頁面的完成尺寸一起對照。

※模特兒身高172cm，使用M尺寸。

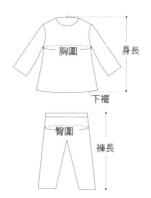

	S	M	L	LL
胸圍	79	83	89	95
腰圍	63	67	73	79
臀圍	86	90	96	102
身高	153～160		160～167	

▎準備布料

請參考製作頁面標示的材料，購買適合款式的布料。剛購買的布料，如果沒有整理布紋，容易導致洗後縮水或實際穿著時，形體走樣等情況。所以一定要整理布紋。若是選用羊毛等特殊材質，請先向店家請教處理方法。

布料（裡布）

熨燙台

● 整理布紋

布邊與布紋走向互呈直線平行，沿著布目從布料背面進行熨燙。熨燙針織布時，垂直按壓熨斗、避免造成布料的伸縮變形。

▎關於縫針及縫線

縫針屬於消耗品

車縫2～3件之後縫針尖端變鈍，會影響衣服的完成度。常常更換縫針，是製作完美作品的條件之一。
配合布料選擇適合的縫針及縫線。針織布必需使用針織布專用的縫針及縫線。

布料種類	薄布料 Lawn （LIBERTY PRINT、Boil等）	一般布料 Dhangarhi、 Oxford等	厚布料 丹寧布、羊毛布等
車縫針	9號針	11號針	14號針
車縫線	90號車縫線	60號車縫線	30號車縫線

▎決定布長的方法

❶
布寬110cm
=11cm

長度部分畫長一點

❷
52cm 為
=5.2cm

30cm 為
=3cm

60cm 為
=6cm

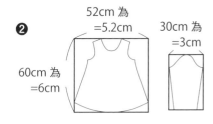

❸

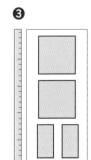

❶ 描繪縮小1/10尺寸布寬四角。

❷ 測量紙型長·寬最長的長度，描繪1/10長度的四邊角。

❸ 於❶步驟放置❷步驟需要的四角片數量，測量長度，乘以10倍即為布料大約的實際用量。

關於紙型

〈 紙型的作法 〉

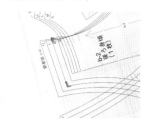   

❶ 在欲描繪的紙型邊角上作上記號。

❷ 紙型重疊半透明描圖紙，再次確認尺寸後描繪。

❸ 確認裁布圖的縫份寬度，直尺平行完成線畫上縫份線。

❹ 沿縫份線裁剪。

〈 關於紙型記號 〉

● 完成線
作品的完成線

● 布紋線
與布邊平行的布紋。

● 細褶
抽拉細褶。

● 摺雙
對摺布料的摺山線部位。

● 貼邊線
需要貼邊處理的貼邊線。

● 褶襉
表示打褶處車縫方向。斜線方向即代表摺疊方向。

釦眼

〈 釦眼位置 〉

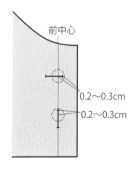

前中心

0.2〜0.3cm
0.2〜0.3cm

紙型有記載釦眼的位置。
釦子位置的右（上）
0.2〜0.3cm開始製作釦眼。

黏著襯的使用方法

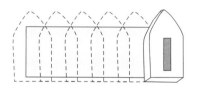

請勿滑動、確保每處均有熨燙到，避免遺漏。還未冷卻時，請勿觸碰。

斜布紋織帶的作法

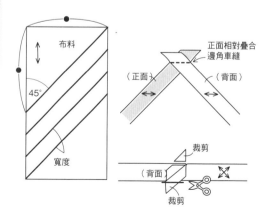

布料

45°

寬度

正面相對疊合邊角車縫

（正面） （背面）

（正面）

（背面）

裁剪

裁剪

斜布紋及布紋呈45度角後才剪下的布，裁剪下的布條依指定的長度連接車縫。

船形領連身裙

PHOTO ▶ P.4

● **完成尺寸（S/M/L/LL尺寸）**
衣長　93/96/102/102cm
胸圍　92/95/101/107cm

● **材料**
棉質亞麻丹寧布 155cm寬×160cm
黏著襯40×20cm

原寸紙型1面【01】
1-前片
2-前貼邊
3-後片
4-後貼邊
5-口袋

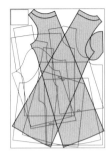

裁布圖

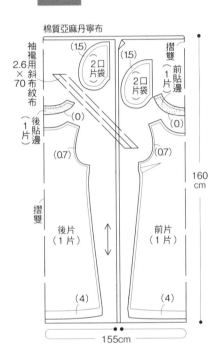

棉質亞麻丹寧布

袖襱用
2.6
×
70
斜布紋布
（1片）

（1.5）　　（1.5）
2口片袋　　2口片袋
摺雙　前貼邊（1片）
後貼邊（1片）
（0）　　（0）
（0.7）　　（0.7）
摺雙
後片（1片）　前片（1片）
（4）　　（4）

160cm

155cm

※除了指定處之外，縫份皆為1cm。
※□□上黏著襯。
※袖襱用斜布紋布依標示尺寸直接裁剪。

製作順序

2 車縫肩線
3 製作貼邊‧接縫
6 車縫袖襱
1 車縫尖褶
5 製作口袋
4 車縫脇邊
7 車縫下襬

準備

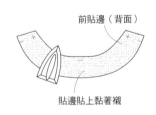

前貼邊（背面）
貼邊貼上黏著襯
※後貼邊也以相同方法製作

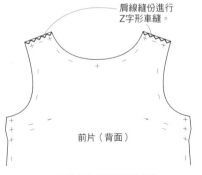

肩線縫份進行
Z字形車縫。
前片（背面）
※後片也以相同方法製作

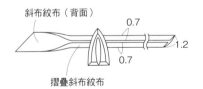

斜布紋布（背面）
0.7
1.2
0.7
摺疊斜布紋布

1 車縫尖褶

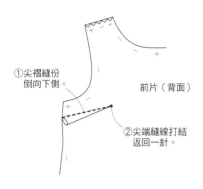

①尖褶縫份
倒向下側。

前片（背面）

②尖端縫線打結
返回一針。

2 車縫肩線

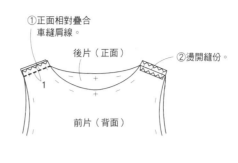

①正面相對疊合
車縫肩線。

後片（正面）

②燙開縫份。

前片（背面）

3 製作貼邊・接縫

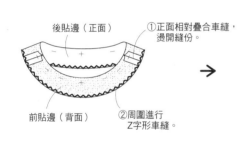

後貼邊（正面）

①正面相對疊合車縫，
燙開縫份。

前貼邊（背面）

②周圍進行
Z字形車縫。

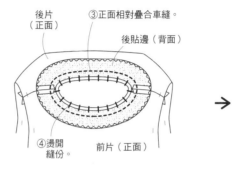

後片
（正面）

③正面相對疊合車縫。

後貼邊（背面）

④燙開
縫份。

前片（正面）

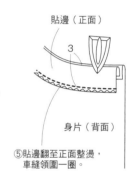

貼邊（正面）

3

身片（背面）

⑤貼邊翻至正面整燙，
車縫領圍一圈。

4 車縫脇邊

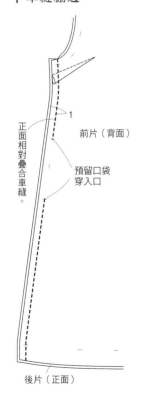

正面相對疊合車縫。

前片（背面）

1

預留口袋
穿入口

後片（正面）

5 製作口袋

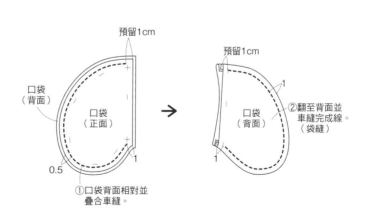

預留1cm

口袋
（背面）

口袋
（正面）

1

0.5

①口袋背面相對並
疊合車縫。

預留1cm

口袋
（背面）

1

1

②翻至背面並
車縫完成線。
（袋縫）

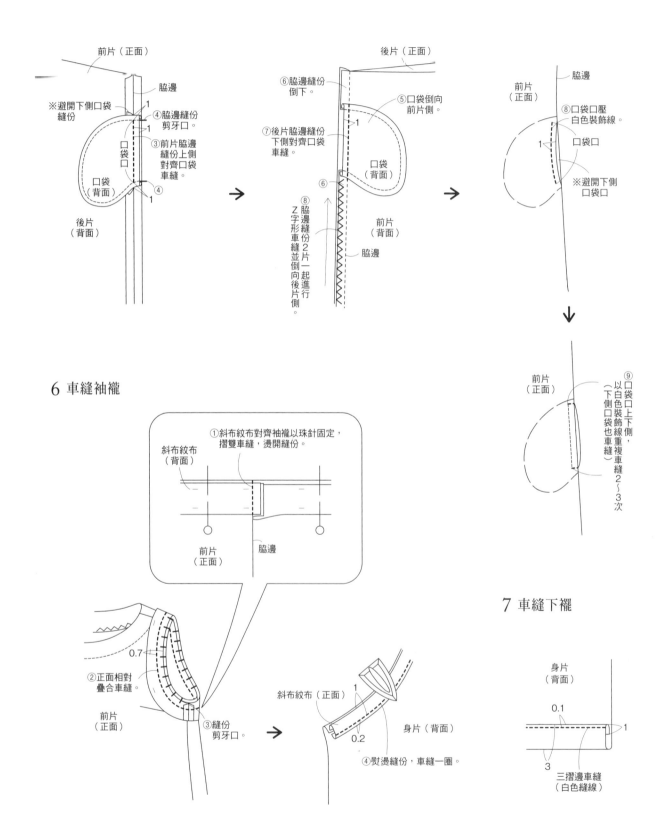

前片（正面）

脇邊

※避開下側口袋縫份

④脇邊縫份剪牙口。

③前片脇邊縫份上側對齊口袋車縫。

口袋口

口袋（背面）

後片（背面）

⑥脇邊縫份倒下。

後片（正面）

⑤口袋倒向前片側。

⑦後片脇邊縫份下側對齊口袋車縫。

口袋（背面）

前片（背面）

脇邊

⑧脇邊縫份2片一起進行Z字形車縫並倒向後片側。

前片（正面）

脇邊

⑧口袋口壓白色裝飾線。

口袋口

※避開下側口袋口

前片（正面）

⑨口袋口上下側，以白色裝飾線重複車縫2～3次（下側口袋也車縫）

6 車縫袖襱

①斜布紋布對齊袖襱以珠針固定，摺雙車縫，燙開縫份。

斜布紋布（背面）

前片（正面）

脇邊

0.7

②正面相對疊合車縫。

③縫份剪牙口。

前片（正面）

斜布紋布（正面）

身片（背面）

1

0.2

④熨燙縫份，車縫一圈。

7 車縫下襬

身片（背面）

0.1

1

3

三摺邊車縫（白色縫線）

連袖連身裙

PHOTO ▶ P.6

原寸紙型2面【05】
1-前片
2-前貼邊
3-後片
4-後貼邊

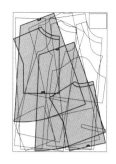

● **完成尺寸（S/M/L/LL尺寸）**

衣長　111/114/120/120cm
胸圍　98.5/101.5/107.5/113.5cm

● **材料**

棉質平織布 144cm寬×260/260/280/280cm
黏著襯40×40cm
1cm寬細繩160cm

裁布圖

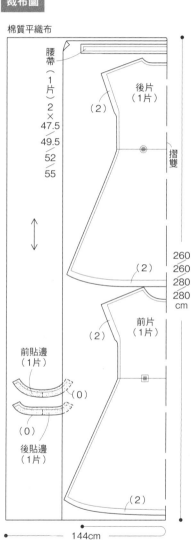

棉質平織布

腰帶（1片）2×47.5/49.5/52/55

後片（1片）（2）

摺雙

前片（1片）（2）

前貼邊（1片）（0）

後貼邊（1片）（0）

260
260
280
280
cm

144cm

※除了指定處之外，縫份皆為1cm。
※ □□ 上黏著襯。
※依指定連接紙型使用。
※從上至下側S/M/L/LL尺寸。

製作順序

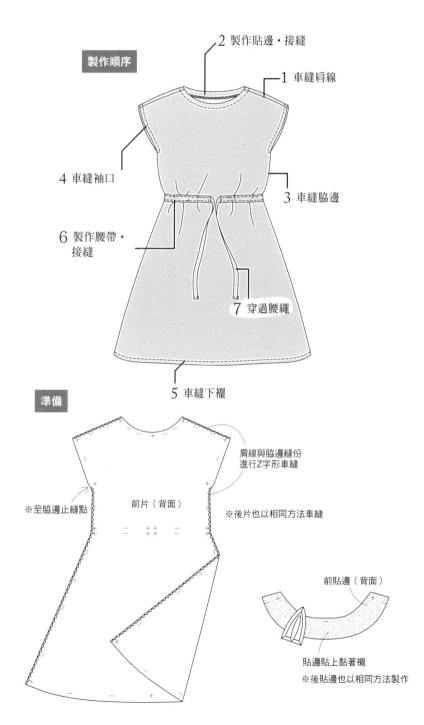

2 製作貼邊・接縫
1 車縫肩線
4 車縫袖口
3 車縫脇邊
6 製作腰帶・接縫
7 穿過腰繩
5 車縫下襬

準備

肩線與脇邊縫份進行Z字形車縫

※至脇邊止縫點

前片（背面）

※後片也以相同方法車縫

前貼邊（背面）

貼邊貼上黏著襯
※後貼邊也以相同方法製作

1 車縫肩線

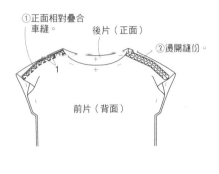

①正面相對疊合車縫。
②燙開縫份。
後片（正面）
前片（背面）
1

2 製作貼邊・接縫

①正面相對疊合車縫、燙開縫份。
後貼邊（正面）
前貼邊（背面）
②周圍進行Z字形車縫。

後片（正面）
③正面相對疊合車縫。
後貼邊（背面）
④縫份剪牙口。
前片（正面）

2 貼邊（正面）
⑤貼邊翻至正面，領圍車縫一圈。
身片（背面）

3 車縫脇邊

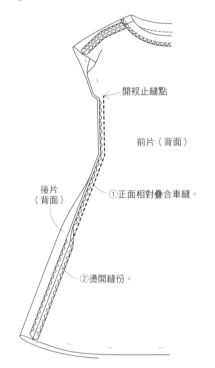

開衩止縫點
前片（背面）
後片（背面）
①正面相對疊合車縫。
②燙開縫份。

4 車縫袖口

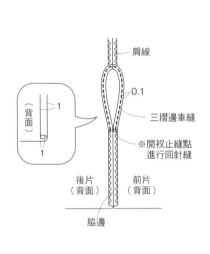

肩線
（背面）
1
0.1
三摺邊車縫
※開衩止縫點進行回針縫
1
後片（背面）
前片（背面）
脇邊

5 車縫下襬

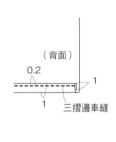

（背面）
0.2
1
1
三摺邊車縫

6 製作腰帶・接縫

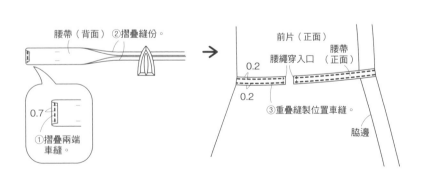

腰帶（背面）
②摺疊縫份。
0.7
①摺疊兩端車縫。

前片（正面）
腰帶穿入口
腰帶（正面）
0.2
0.2
③重疊縫製位置車縫。
脇邊

7 穿過腰繩

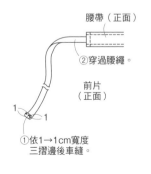

腰帶（正面）
②穿過腰繩。
前片（正面）
1
1
①依1→1cm寬度三摺邊後車縫。

絲瓜領長版上衣

PHOTO ▶ P.8

● 完成尺寸（S/M/L/LL尺寸）

衣長　87/90/96/96cm
胸圍　125/128/134/140cm

● 材料

棉質亞麻布 110cm寬×230/230/240/240cm
黏著襯60×30cm
釦子直徑1cm2個
釦環2個

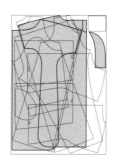

原寸紙型4面【16】
1-前片
2-後片
3-後貼邊
4-領子

裁布圖

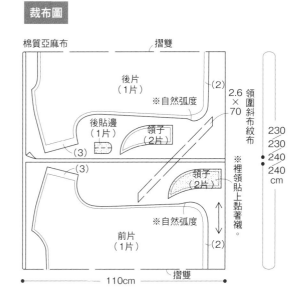

棉質亞麻布　　　摺雙

後片
（1片）
※自然弧度

(2)

2.6×70 領圍斜布紋布

後貼邊
（1片）

領子
（2片）

(3)

(3)

領子
（2片）

230
230
● 240
● 240
cm

※裡領貼上黏著襯。

※自然弧度

前片
（1片）

(2)

摺雙

110cm

※除了指定處之外，縫份皆為1cm。
※▨▨上黏著襯。
※領圍斜布紋布依指定尺寸裁剪。
※從上至下側S/M/L/LL尺寸

準備

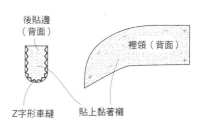

後貼邊
（背面）

Z字形車縫

裡領（背面）

貼上黏著襯

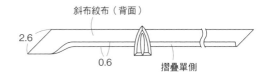

斜布紋布（背面）

2.6

0.6

摺疊單側

製作順序

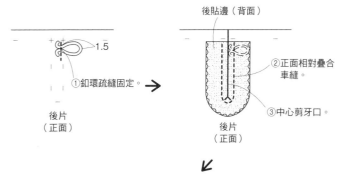

5 製作領子

1 包夾釦環，接縫後貼邊

3 車縫肩線及脇邊

4 車縫袖口

6 領圍抽拉細褶，接縫領子

7 裝上釦子

2 車縫下襬

1 包夾釦環，接縫後貼邊

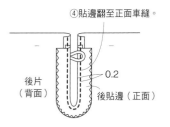

1.5

①釦環疏縫固定。

後片
（正面）

後貼邊（背面）

②正面相對疊合車縫。

③中心剪牙口。

後片
（正面）

④貼邊翻至正面車縫。

後片
（背面）

0.2

後貼邊（正面）

49

2 車縫下襬

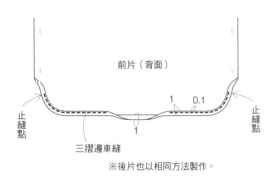

前片（背面）

止縫點

三摺邊車縫

1　0.1

1

止縫點

※後片也以相同方法製作。

3 車縫肩線及脇邊

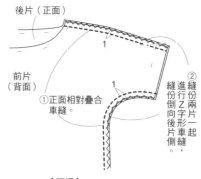

後片（正面）

1

前片（背面）

①正面相對疊合車縫。

1

②縫份兩片一起車縫，縫份進行Z字形車縫，縫份倒向後片側。

【下襬】

③止縫點進行回針縫。

（背面）

4 車縫袖口

1

（背面）

0.1　1.5

三摺邊車縫

5 製作領子

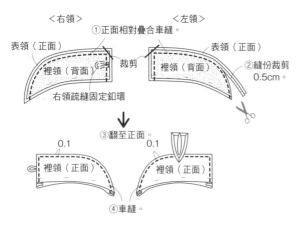

<右領>　　　<左領>

表領（正面）　　　　表領（正面）

①正面相對疊合車縫。

裡領（背面）　裁剪　裡領（背面）

②縫份裁剪0.5cm。

右領疏縫固定鈕環

③翻至正面。

0.1　裡領（正面）　0.1　裡領（正面）

④車縫。

6 領圍抽拉細褶，接縫領子

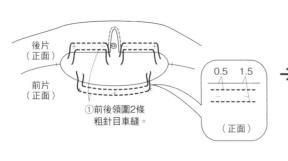

後片（正面）

前片（正面）

①前後領圍2條粗針目車縫。

0.5　1.5

（正面）

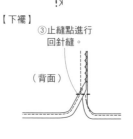

②對齊領子抽拉下線，製作細褶。

③車縫。　　0.8

右表領（正面）　　左表領（正面）

前片（正面）

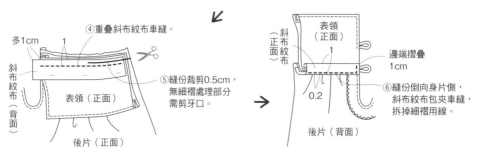

④重疊斜布紋布車縫。

多1cm　1

斜布紋布（背面）

表領（正面）

後片（正面）

⑤縫份裁剪0.5cm，無細褶處理部分需剪牙口。

斜布紋布（正面）　表領（正面）

1

斜布紋布

邊端摺疊1cm

0.2

後片（背面）

⑥縫份倒向身片側，斜布紋布包夾車縫，拆掉細褶用線。

7 裝上鈕子

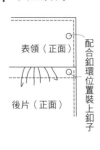

表領（正面）

後片（正面）

配合鈕環位置裝上鈕子

繭形長版上衣

PHOTO ▶ P.10

● **完成尺寸（S/M/L/LL尺寸）**
衣長　84.5/87.5/93.5/93.5cm
胸圍　96.5/99.5/105.5/111.5cm

● **材料**
素面亞麻布TBO＃12 135cm寬×210/210/220/220cm
黏著襯40×30cm

原寸紙型2面【06】
1-前片
2-前貼邊
3-後片
4-後貼邊
5-袖子

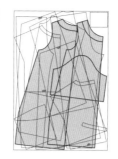

裁布圖

素面亞麻布TBO#12

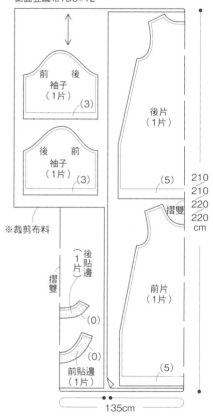

前　後
袖子
（1片）　(3)

後　前
袖子
（1片）　(3)

※裁剪布料

後片
（1片）

摺雙

(5)

210
210
220
220
cm

後貼邊
（1片）

摺雙

(0)

(0)

前貼邊
（1片）

前片
（1片）

(5)

135cm

※除了指定處之外，縫份皆為1cm。
※ [ ] 上黏著襯。
※從上至下側S/M/L/LL尺寸

製作順序

1 車縫肩線

2 製作貼邊・接縫

3 接縫袖子

5 車縫
袖口下襬

4 車縫袖下
至脇邊

準備

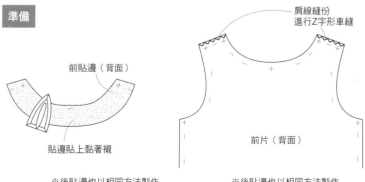

肩線縫份
進行Z字形車縫

前貼邊（背面）

貼邊貼上黏著襯

前片（背面）

※後貼邊也以相同方法製作

※後貼邊也以相同方法製作

51

1 車縫肩線

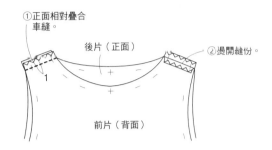

①正面相對疊合
車縫。

②燙開縫份。

後片（正面）

前片（背面）

2 製作貼邊・接縫

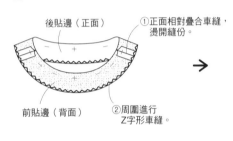

後貼邊（正面）

①正面相對疊合車縫，
燙開縫份。

前貼邊（背面）

②周圍進行
Z字形車縫。

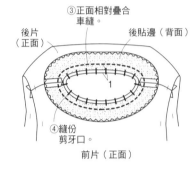

③正面相對疊合
車縫。

後片
（正面）

後貼邊（背面）

④縫份
剪牙口。

前片（正面）

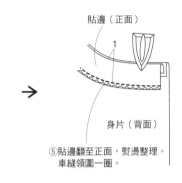

貼邊（正面）

身片（背面）

⑤貼邊翻至正面，熨燙整理。
車縫領圍一圈。

3 接縫袖子

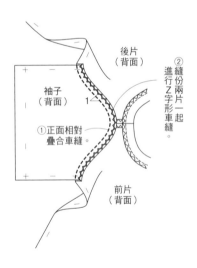

後片
（背面）

②
縫份兩片一起
進行Z字形車縫。

袖子
（背面）

①正面相對
疊合車縫。

前片
（背面）

4 車縫袖下至脇邊

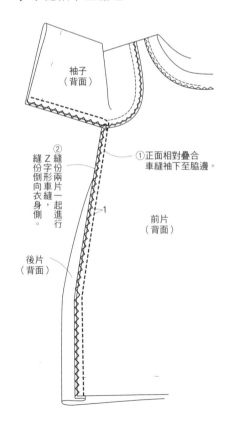

袖子
（背面）

②
縫份兩片一起進行
Z字形車縫，
縫份倒向衣身側。

①正面相對疊合
車縫袖下至脇邊。

前片
（背面）

後片
（背面）

5 車縫袖口下襬

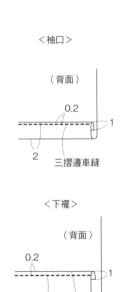

＜袖口＞

（背面）

0.2

2

三摺邊車縫

＜下襬＞

（背面）

0.2

4

三摺邊車縫

蝙蝠袖連身裙

PHOTO ▶ P.16

PHOTO ▶ P.16

原寸紙型1面【02】
1-前片
2-後片

● **完成尺寸（Free尺寸）**
衣長　132.5cm
胸圍　166cm

● **材料**
深藍色Voile點點布 108cm寬×360cm
鬆緊帶1cm寬70cm（袖用）
鬆緊帶2.5cm寬90cm（腰帶用，請配合腰圍尺寸調節）

裁布圖

深藍色Voile點點布

前腰帶（1片）
3.5×77.5

領圍用
斜紋布
2.6×70

※裁剪布料展開

後腰帶（1片）
3.5×87

(2.5)　(0.7)

後片
（1片）

※除了指定處之外，縫份皆為1cm。

※領圍用斜紋布未附原寸紙型，請依標示的尺寸直接裁剪。

(2.5)　(0.7)

摺雙

前片
（1片）

360 cm

50

前後裙片
（1片）

72

(5)

前後裙片
（1片）

(5)

108cm

準備

斜紋布（背面）

0.7

1.2

0.7

摺疊斜紋布

製作順序

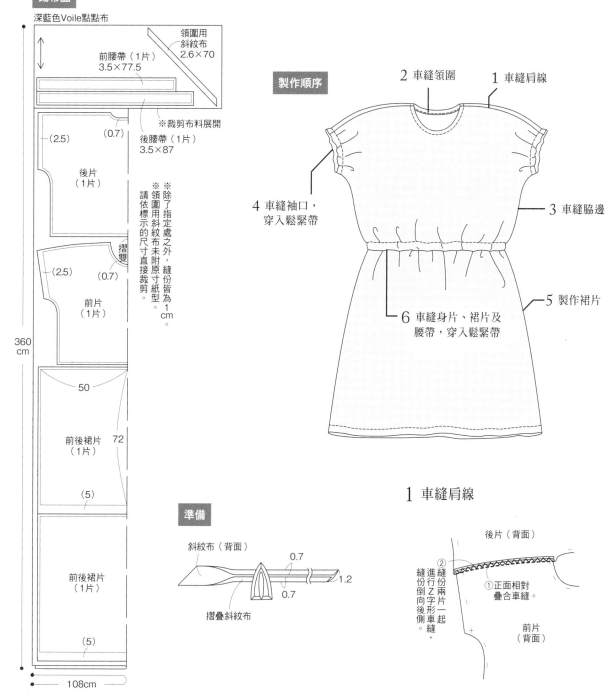

2 車縫領圍　　1 車縫肩線

3 車縫脇邊

4 車縫袖口，穿入鬆緊帶

5 製作裙片

6 車縫身片、裙片及腰帶，穿入鬆緊帶

1 車縫肩線

後片（背面）

②進行Z字形車縫，縫份兩片一起車縫，縫份倒向後側。

①正面相對疊合車縫。

前片（背面）

53

2 車縫領圍

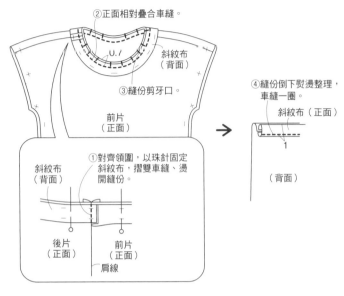

②正面相對疊合車縫。

斜紋布
（背面）

0.7

③縫份剪牙口。

斜紋布（正面）

④縫份倒下熨燙整理，
車縫一圈。

前片
（正面）

（背面）

斜紋布
（背面）

①對齊領圍，以珠針固定
斜紋布，摺雙車縫、燙
開縫份。

後片
（正面）

前片
（正面）

肩線

3 車縫脇邊

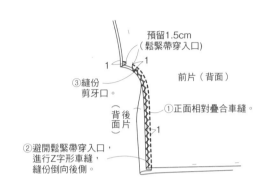

預留1.5cm
（鬆緊帶穿入口）

③縫份
剪牙口。

前片（背面）

1

（背面）後片

①正面相對疊合車縫。

②避開鬆緊帶穿入口，
進行Z字形車縫，
縫份倒向後側。

4 車縫袖口，穿入鬆緊帶

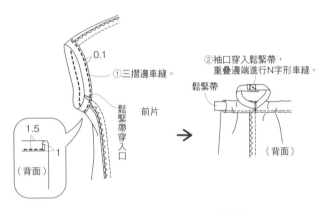

0.1

①三摺邊車縫。

鬆緊帶穿入口

前片

1.5

1

（背面）

②袖口穿入鬆緊帶，
重疊邊端進行N字形車縫。

鬆緊帶

（背面）

5 製作裙片

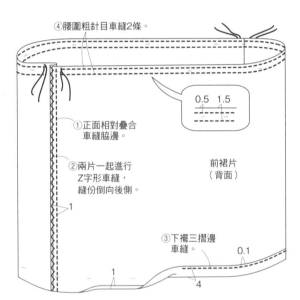

④腰圍粗針目車縫2條。

0.5 1.5

①正面相對疊合
車縫脇邊。

②兩片一起進行
Z字形車縫，
縫份倒向後側。

前裙片
（背面）

1

③下襬三摺邊
車縫。

0.1

1

4

6 車縫身片、裙片及腰帶，穿入鬆緊帶

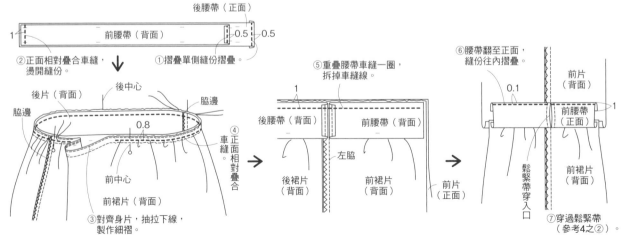

後腰帶（正面）

1

前腰帶（背面）

0.5 0.5

②正面相對疊合車縫，
燙開縫份。

①摺疊單側縫份摺疊。

後片（背面）

後中心

脇邊

脇邊

0.8

前中心

前裙片（背面）

③對齊身片，抽拉下線，
製作細褶。

④正面相對疊合車縫。

⑤重疊腰帶車縫一圈，
拆掉車縫線。

1

後腰帶（背面）

前腰帶（背面）

左脇

後裙片
（背面）

前裙片
（背面）

前片
（正面）

⑥腰帶翻至正面，
縫份往內摺疊。

0.1

前片
（背面）

1

前腰帶
（正面）

鬆緊帶穿入口

前裙片
（背面）

⑦穿過鬆緊帶
（參考4之②）。

蝙蝠袖上衣

PHOTO ▶ P.17

PHOTO ▶ P.17

● **完成尺寸（Free尺寸）**

衣長　60.5cm
胸圍　166cm

● **材料**

棉質雙層紗印花布 106cm寬×190cm
鬆緊帶1cm寬70cm（袖用）
鬆緊帶2.5cm寬90cm（腰帶用，請配合腰圍尺寸調節）

原寸紙型1面【02】
1-前片
2-後片

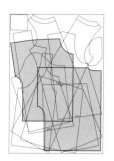

裁布圖

棉質雙層紗印花布

領圍用
斜紋布
2.6×70

※裁剪布料展開

(2.5)　　(0.7)

後片
（1片）

(4.5)

摺雙

(2.5)　　(0.7)

前片
（1片）

(4.5)

190
cm

106cm

※除了指定處之外，
　縫份皆為1cm。
※領圍用斜紋布未附原寸紙型。
　請依標示的尺寸直接裁剪。

製作順序

2 車縫領圍　　　1 車縫肩線

4 車縫袖口，
　穿入鬆緊帶

3 車縫脇邊

5 車縫下襬，穿入鬆緊帶

※ 步驟3&5之外的作法
　參考P.53

※ 步驟3&5之外的作法 參考P.53

3 **車縫脇邊**

預留1.5cm
（鬆緊帶穿入口）

③縫份
　剪牙口。

前片（背面）

①正面相對疊合車縫。

（背面）後片

②避開鬆緊帶穿入口，
　進行Z字形車縫，
　縫份倒向後側。

預留3cm

5 **車縫下襬，穿入鬆緊帶**

前片（背面）

左脇

0.1

鬆緊帶穿入口

3.5

①三摺邊車縫。

②下襬穿入鬆緊帶，
　重疊邊端進行N字形車縫。

鬆緊帶

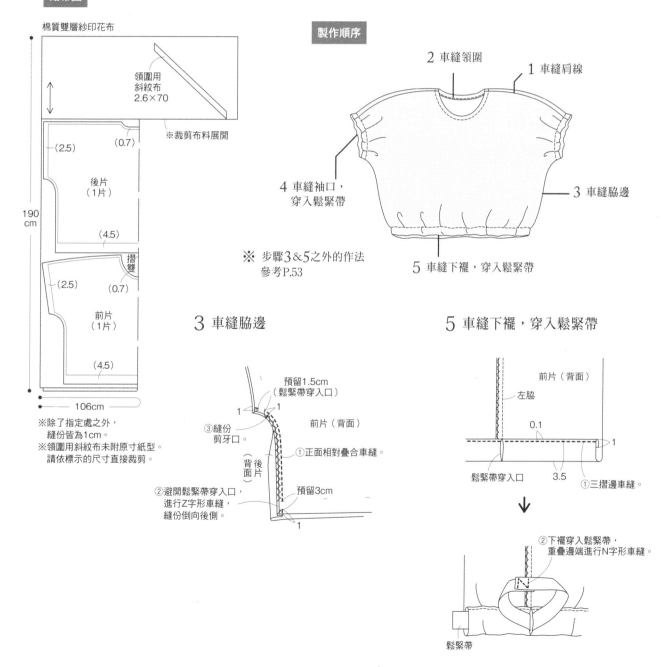

55

小圓領連身裙

原寸紙型3面【12】
1-前・後片

PHOTO ▶ P.14・P.36

● 完成尺寸（S/M/L/LL尺寸）
衣長　104/107/113/113cm
胸圍　96/100/106/112cm

● 材料
（春夏）棉質16／2BD天竺條紋布 155cm寬×120/120/130/130cm、
　　　　止伸織帶1cm寬210cm
（秋冬）麻花鋪棉針織布 125cm寬×240/240/260/260cm
（共同）1.3cm寬斜布紋織帶120cm

裁布圖

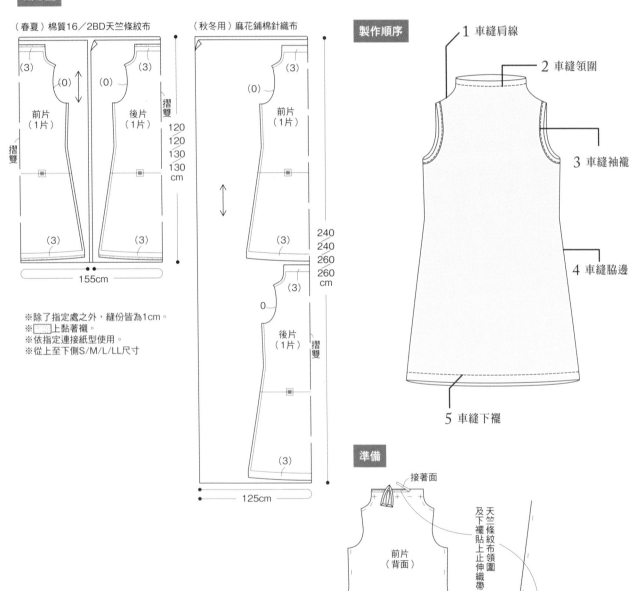

（春夏）棉質16／2BD天竺條紋布

前片（1片）
後片（1片）

(3) (0) (0) (3)
摺雙
(3) (3)

120
120
130
130
cm

155cm

※除了指定處之外，縫份皆為1cm。
※□ 上黏著襯。
※依指定連接紙型使用。
※從上至下側S/M/L/LL尺寸

（秋冬用）麻花鋪棉針織布

前片（1片）
後片（1片）

(0) (3)

(3) (3)

0

240
240
260
260
cm

125cm

製作順序

1 車縫肩線
2 車縫領圍
3 車縫袖襱
4 車縫脇邊
5 車縫下襬

準備

接著面

前片（背面）

天竺條紋布領圍及下襬貼上止伸織帶

※後片也以相同方法製作。

1 車縫肩線

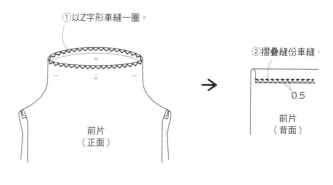

②兩片一起進行Z字形車縫，縫份倒向後側。

①正面相對疊合車縫。

1　1

前片（背面）

後片（正面）

2 車縫領圍

①以Z字形車縫一圈。

②摺疊縫份車縫

0.5

前片（正面）

前片（背面）

3 車縫袖襱

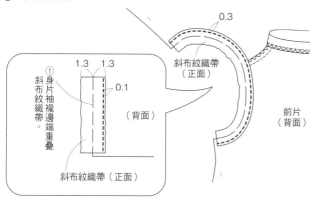

0.3

斜布紋織帶（正面）

1.3　1.3

0.1

①身片袖襱邊端重疊斜布紋織帶。

（背面）

斜布紋織帶（正面）

前片（背面）

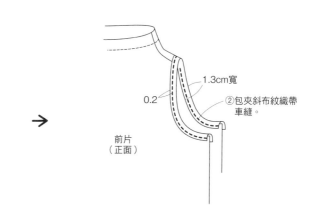

1.3cm寬

0.2

②包夾斜布紋織帶車縫。

前片（正面）

4 車縫脇邊

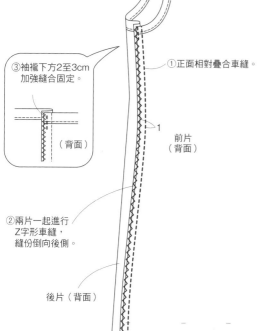

③袖襱下方2至3cm加強縫合固定。

（背面）

①正面相對疊合車縫。

1

前片（背面）

②兩片一起進行Z字形車縫，縫份倒向後側。

後片（背面）

5 車縫下襬

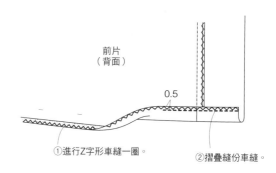

前片（背面）

0.5

①進行Z字形車縫一圈。

②摺疊縫份車縫。

長版開襟衫

PHOTO ▶ P.20

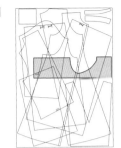

● **完成尺寸（S/M/L/LL尺寸）**
衣長　82.5/85/88/88.5cm
胸圍　106/109/115/121cm

● **材料**
Flanders Angel米白色 135cm寬×180cm

裁布圖

Flanders Angel米白色

5
22
22
23
23
肩繩
（2片）

上身片
（2片）

摺雙

31.5
32
33
34
58
60
62
62

後裙片
（1片）

180
cm

(0)

57
58
61
63
58
60
62 (2)
62

(2)

前裙片
（2片）

(0)

135cm

※除了指定處之外，縫份皆為1cm。
※從上至下側S/M/L/LL尺寸

製作順序

2 製作上身片
1 製作肩繩
5 接縫上身片及裙片
4 製作裙片
3 下襬製作流蘇

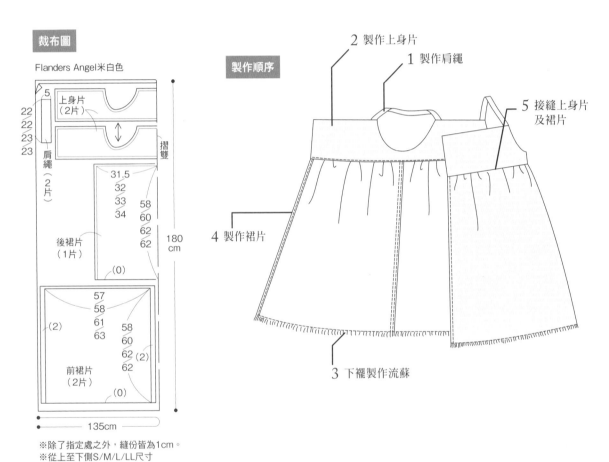

1 製作肩繩

肩繩（背面）
6
①摺疊。
（正面）
0.2
②四摺邊車縫。
※製作2條

2 製作上身片

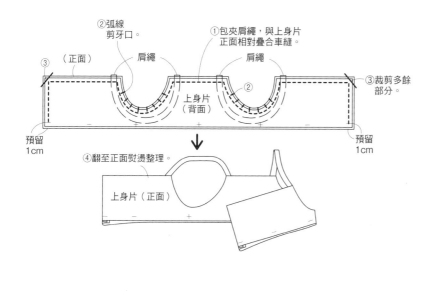

②弧線
剪牙口。

①包夾肩繩，與上身片
正面相對疊合車縫。

肩繩　　　　肩繩

③

（正面）

上身片
（背面）

②

③裁剪多餘
部分。

預留
1cm

預留
1cm

④翻至正面熨燙整理。

上身片（正面）

3 下襬製作流蘇

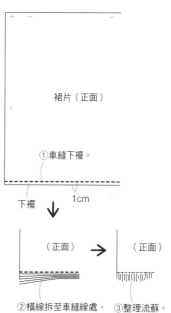

裙片（正面）

①車縫下襬。

下襬　　　1cm

（正面）　→　（正面）

②橫線拆至車縫線處。　③整理流蘇。

4 製作裙片

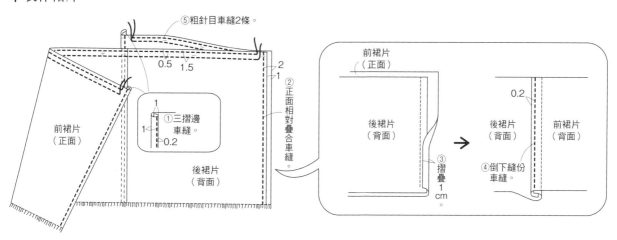

⑤粗針目車縫2條。

0.5　1.5

前裙片
（正面）

1
①三摺邊
車縫。
1
0.2

後裙片
（背面）

2
1

②正面相對疊合車縫。

前裙片
（正面）

後裙片
（背面）

③摺疊
1cm。

0.2

後裙片
（背面）　前裙片
（背面）

④倒下縫份
車縫。

5 接縫上身片
　　及裙片

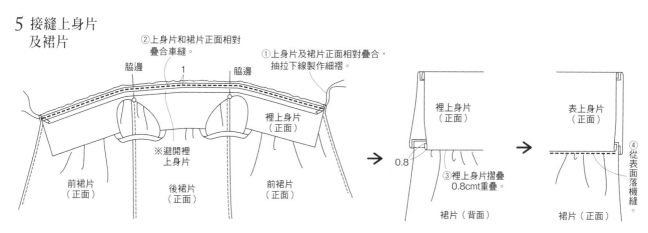

②上身片和裙片正面相對
疊合車縫。

①上身片及裙片正面相對疊合，
抽拉下線製作細褶。

脇邊　　1　　脇邊

裡上身片
（正面）

前裙片
（正面）　　後裙片
（正面）　　前裙片
（正面）

※避開裡
上身片

裡上身片
（正面）

0.8

③裡上身片摺疊
0.8cmt重疊。

裙片（背面）

表上身片
（正面）

④從表面落機縫。

裙片（正面）

燈籠連袖連身裙

PHOTO ▶ P.22

原寸紙型4面【17】
1-前片
2-後片

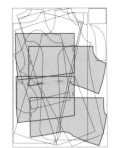

● **完成尺寸（S/M/L/LL尺寸）**
衣長　94/97/103/103cm
胸圍　95/98/104/110cm

● **材料**
棉質印花布 110cm寬×240/240/260/260cm

裁布圖

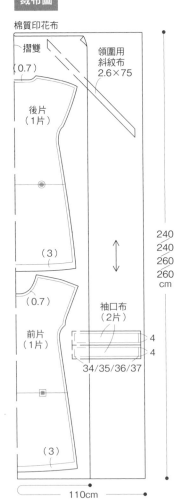

棉質印花布

摺雙
（0.7）

領圍用
斜紋布
2.6×75

後片
（1片）

（3）

（0.7）

前片
（1片）

袖口布
（2片）

240
240
260
260
cm

4
4

34/35/36/37

110cm

※除了指定處之外，縫份皆為1cm。
※領圍用斜紋布未附原寸紙型，
　請依標示的尺寸直接剪裁。
※依指定連接紙型使用。
※從上至下側（從左至右）S/M/L/LL尺寸

製作順序

2 車縫領圍

1 車縫肩線

4 製作袖口布並
接縫

3 車縫脇邊

5 車縫下襬

準備

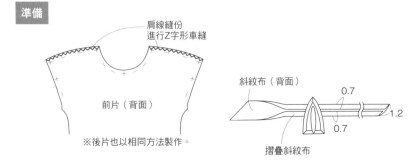

肩線縫份
進行Z字形車縫

前片（背面）

※後片也以相同方法製作。

斜紋布（背面）

0.7

1.2

0.7

摺疊斜紋布

1 車縫肩線

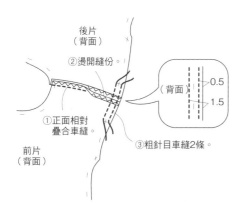

後片（背面）
②燙開縫份。
①正面相對疊合車縫。
前片（背面）
③粗針目車縫2條。
（背面）
0.5
1.5

2 車縫領圍

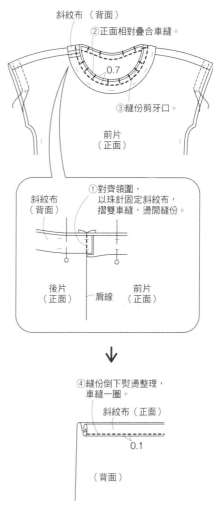

斜紋布（背面）
②正面相對疊合車縫。
0.7
③縫份剪牙口。
前片（正面）

①對齊領圍，以珠針固定斜紋布，摺雙車縫，燙開縫份。
斜紋布（背面）
後片（正面）　肩線　前片（正面）

↓

④縫份倒下熨燙整理，車縫一圈。
斜紋布（正面）
0.1
（背面）

3 車縫脇邊

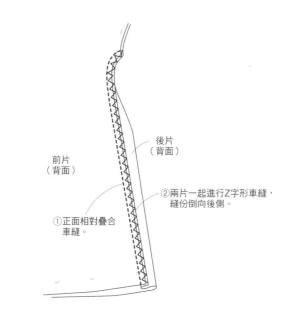

後片（背面）
前片（背面）
②兩片一起進行Z字形車縫，縫份倒向後側。
①正面相對疊合車縫。

4 製作袖口布並接縫

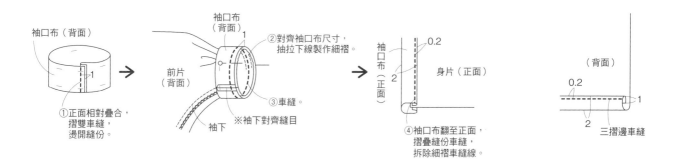

袖口布（背面）
1
①正面相對疊合，摺雙車縫，燙開縫份。

袖口布（背面）
1
②對齊袖口布尺寸，抽拉下線製作細褶。
前片（背面）
③車縫。
※袖下對齊縫目
袖下

袖口布（正面）
0.2
身片（正面）
2
④袖口布翻至正面，摺疊縫份車縫，拆除細褶車縫線。

5 車縫下襬

（背面）
0.2
2
1
三摺邊車縫

燈籠連袖連身裙（胸前荷葉邊設計） PHOTO ▶ P.24

PHOTO ▶ P.24

原寸紙型4面【17】
1-前片
2-後片

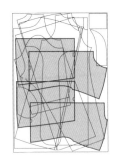

● **完成尺寸（S/M/L/LL尺寸）**
衣長　94/97/103/103cm
胸圍　95/98/104/110cm

● **材料**
棉質亞麻丹寧布 140cm寬×220/220/230/230cm

裁布圖

水洗亞麻緹花布

（0.7）

後片
（1片）

摺雙

220
220
230
230
cm

（3）

（0.7）

前片
（1片）

（3）

140cm

胸前荷葉邊布
3×55（2片）
3×68（1片）

2.6×75 領圍用斜紋布

34/35/36/37

4

4

袖口布
（2片）

※除了指定處之外，縫份皆為1cm。
※領圍用斜紋布未附原寸紙型，
　請依標示的尺寸直接裁剪。
※依指定連接紙型使用。
※從上至下側（從左至右）S/M/L/LL尺寸

製作順序

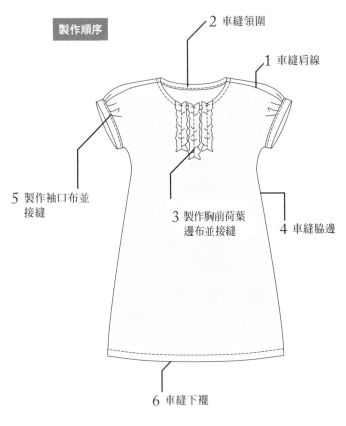

2 車縫領圍

1 車縫肩線

5 製作袖口布並接縫

3 製作胸前荷葉邊布並接縫

4 車縫脇邊

6 車縫下襬

步驟3之外的作法
請參考P.60

請參考P.60

3 製作胸前荷葉邊布並接縫

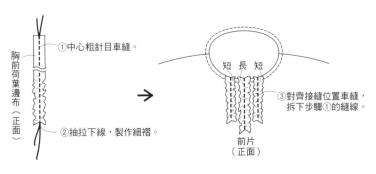

①中心粗針目車縫。

胸前荷葉邊布（正面）

②抽拉下線，製作細褶。

短 長 短

③對齊接縫位置車縫，
拆下步驟①的縫線。

前片（正面）

62

燈籠連袖連身裙（胸前荷葉邊設計） | PHOTO ▶ P.25

PHOTO ▶ P.25

原寸紙型4面【17】
1-前片
2-後片

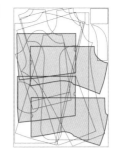

● **完成尺寸（S/M/L/LL尺寸）**
衣長　94/97/103/103cm
胸圍　95/98/104/104cm

● **材料**
Tencel丹寧布 143cm寬×180/180/180/230cm

裁布圖

Tencel丹寧布

肩線荷葉邊
（2條）
4×80

袖口布
（2片）
4
4

領圍用
斜紋布
2.6×75

摺雙
（0.7）
34/35/36/37

(0.7)

※裁剪布料展開

180
180
180
230
cm

前片
（1片）

後片
（1片）

摺雙

(3)　　(3)

143cm

※除了指定處之外，縫份皆為1cm。
※領圍用斜紋布、袖口布未附原寸紙型，
　請依標示的尺寸直接裁剪。
※依指定連接紙型使用。
※從上至下側（從左至右）S/M/L/LL尺寸

製作順序

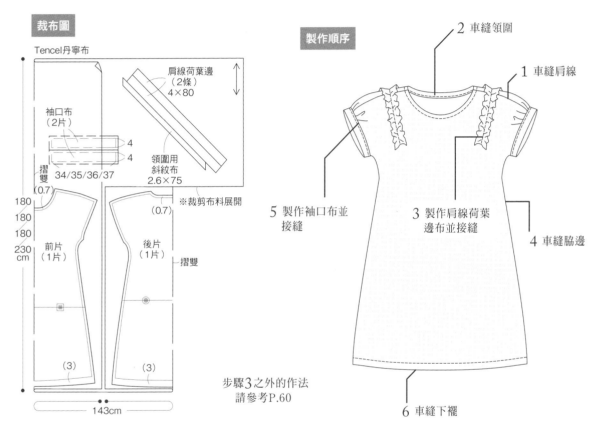

2 車縫領圍

1 車縫肩線

5 製作袖口布並
接縫

3 製作肩線荷葉
邊布並接縫

4 車縫脇邊

6 車縫下襬

步驟3之外的作法
請參考P.60

3 製作胸前荷葉邊布並接縫

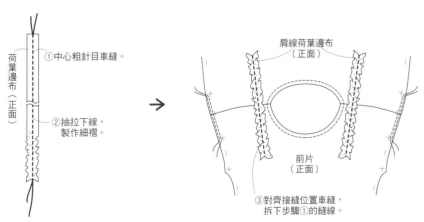

荷葉邊布（正面）

①中心粗針目車縫。

②抽拉下線，
製作細褶。

肩線荷葉邊布
（正面）

前片
（正面）

③對齊接縫位置車縫，
拆下步驟①的縫線。

燈籠連袖連身裙（袖子荷葉邊設計） | PHOTO ▶ P.25

PHOTO ▶ P.25

原寸紙型4面【17】
1-前片
2-後片

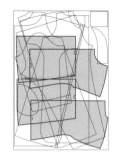

● **完成尺寸（S/M/L/LL尺寸）**
衣長　94/97/103/103cm
胸圍　95/98/104/110cm

● **材料**
亞麻水洗先染格紋布 112cm寬×250/250/270/270cm

裁布圖

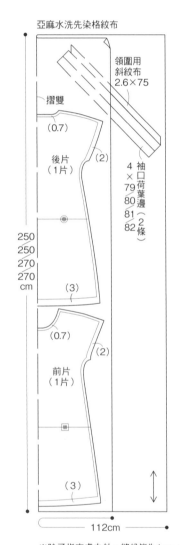

亞麻水洗先染格紋布

領圍用
斜紋布
2.6×75

摺雙

（0.7）

（2）

後片
（1片）

4
×
79
80
81
82

袖口荷葉邊（2條）

250
250
270
270
cm

（3）

（0.7）

（2）

前片
（1片）

（3）

112cm

※除了指定處之外，縫份皆為1cm。
※領圍用斜紋布、袖口荷葉邊
　未附原寸紙型，
　請依標示的尺寸直接裁剪。
※依指定連接紙型使用。
※從上至下側S/M/L/LL尺寸

製作順序

2 車縫領圍

1 車縫肩線

4 車縫袖口，
接縫荷葉邊

3 車縫脇邊

5 車縫下襬

步驟1&4之外作法請參考P.60

步驟1&4之外作法請參考P.60

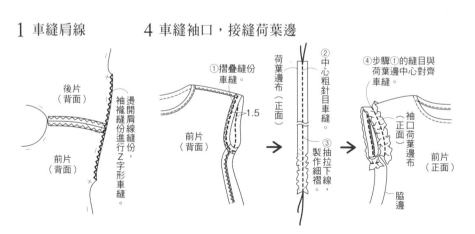

1 車縫肩線

後片
（背面）

前片
（背面）

燙開肩線縫份，
袖襱縫份進行Z字形車縫。

4 車縫袖口，接縫荷葉邊

①摺疊縫份
車縫

前片
（背面）

1.5

荷葉邊布
（正面）

②中心粗針目車縫

③抽拉下線，
製作細褶。

④步驟①的縫目與
荷葉邊中心對齊
車縫

袖口荷葉邊布
（正面）

前片
（正面）

脇邊

64

連身七分褲

PHOTO ▶ P.30

PHOTO ▶ P.30

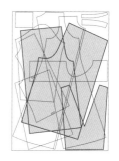

原寸紙型3面【15】
1-前褲管
2-後褲管
3-胸・背襠布

● 完成尺寸（S/M/L/LL尺寸）

褲長　75.5/78/81/82cm

● 材料

棉質Tencel亞麻Dhangarhi斜紋布 108cm寬×300/300/300/310cm
黏著襯100×70cm
鬆緊帶2.5cm寬（配合腰圍尺寸調節）
釦子直徑1.3cm8個

裁布圖

棉質Tencel亞麻Dhangarhi斜紋布
前・後腰帶（各2片）
4×25.5/26/28/30
脇邊腰帶（4片）
4×22.5/24/25/26

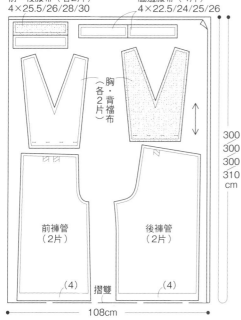

胸・背襠布
（各2片）

前褲管
（2片）

後褲管
（2片）

（4）

（4）

摺雙

300
300
300
310
cm

108cm

※除了指定處之外，縫份皆為1cm。
※ ▢ 上黏著襯。
※前後腰帶、脇邊腰帶
　請依標示的尺寸直接裁剪。
※依指定連接紙型使用。
※從上至下側（從左至右）S/M/L/LL尺寸

製作順序

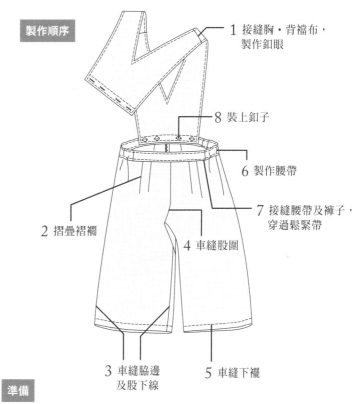

1 接縫胸・背襠布，
　製作釦眼

8 裝上釦子

6 製作腰帶

7 接縫腰帶及褲子，
　穿過鬆緊帶

2 摺疊褶襉

4 車縫股圍

3 車縫脇邊
　及股下線

5 車縫下襬

準備

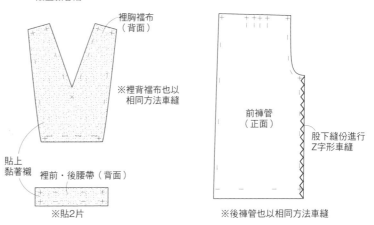

裡胸・背襠布、裡前・後腰帶
貼上黏著襯

裡胸襠布
（背面）

※裡背襠布也以
相同方法車縫

貼上
黏著襯

裡前・後腰帶（背面）

※貼2片

前褲管
（正面）

股下縫份進行
Z字形車縫

※後褲管也以相同方法車縫

1 接縫胸・背襠布，製作釦眼

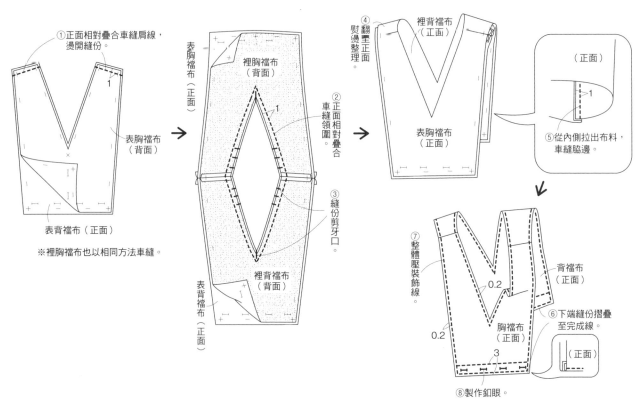

①正面相對疊合車縫肩線，燙開縫份。

1

表胸襠布（背面）

表背襠布（正面）

※裡胸襠布也以相同方法車縫。

表胸襠布（正面）

裡胸襠布（背面）

1

表背襠布（正面）

裡背襠布（背面）

②正面相對疊合車縫領圍。

③縫份剪牙口。

④翻正正面熨邊整理。

裡背襠布（正面）

表胸襠布（正面）

（正面）

1

⑤從內側拉出布料，車縫脇邊。

⑦整體壓裝飾線。

0.2

0.2

胸襠布（正面）

3

背襠布（正面）

⑥下端縫份摺疊至完成線。

（正面）

⑧製作釦眼。

2 摺疊褶襇

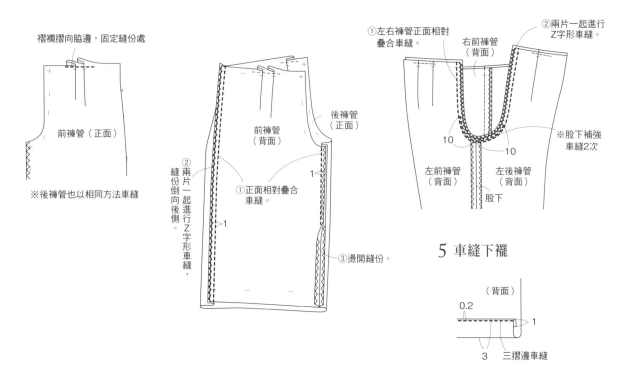

褶襇摺向脇邊，固定縫份處

前褲管（正面）

※後褲管也以相同方法車縫

3 車縫脇邊及股下線

前褲管（背面）

後褲管（正面）

1

①正面相對疊合車縫。

②兩片一起進行Z字形車縫，縫份倒向後側。

1

③燙開縫份。

4 車縫股圍

①左右褲管正面相對疊合車縫。

②兩片一起進行Z字形車縫。

右前褲管（背面）

10

10

左前褲管（背面）

左後褲管（背面）

股下

※股下補強車縫2次

5 車縫下襬

（背面）

0.2

1

3

三摺邊車縫

6 製作腰帶

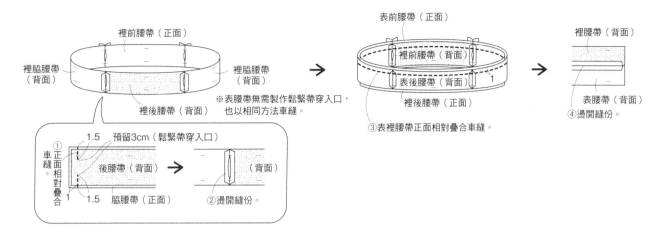

裡前腰帶（正面）
裡脇腰帶（背面）
裡脇腰帶（背面）
裡後腰帶（背面）

※表腰帶無需製作鬆緊帶穿入口，也以相同方法車縫。

① 車縫。正面相對疊合
1.5　預留3cm（鬆緊帶穿入口）
後腰帶（背面）
1　1.5　脇腰帶（正面）
（背面）
② 燙開縫份。

表前腰帶（正面）
裡前腰帶（背面）
表後腰帶（背面）
1
裡後腰帶（正面）

③ 表裡腰帶正面相對疊合車縫。

裡腰帶（背面）
表腰帶（背面）
④ 燙開縫份。

7 接縫腰帶及褲子，穿過鬆緊帶

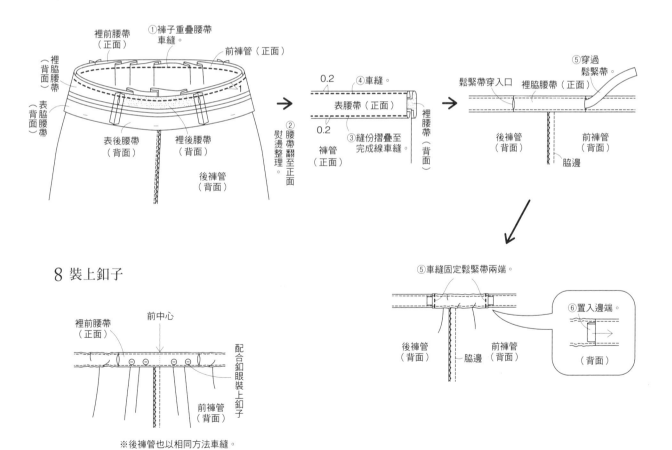

裡前腰帶（正面）
① 褲子重疊腰帶車縫。
前褲管（正面）
裡脇腰帶（背面）
表脇腰帶（背面）
表後腰帶（背面）
裡後腰帶（背面）
後褲管（背面）
1
② 腰帶翻至正面熨燙整理。

0.2　④ 車縫。
表腰帶（正面）
0.2　③ 縫份摺疊至完成線車縫。
褲管（正面）
裡腰帶（背面）

鬆緊帶穿入口
裡脇腰帶（正面）
⑤ 穿過鬆緊帶
後褲管（背面）
前褲管（背面）
脇邊

⑤ 車縫固定鬆緊帶兩端。
後褲管（背面）
前褲管（背面）
脇邊
⑥ 置入邊端。
（背面）

8 裝上釦子

裡前腰帶（正面）
前中心
配合釦眼裝上釦子
前褲管（背面）

※後褲管也以相同方法車縫。

襯衫長版上衣

PHOTO ▶ P.26

原寸紙型3面【13】
1-前片
2-後片
3-袖子
4-領子
5-台領

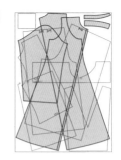

● 完成尺寸（S/M/L/LL尺寸）

衣長　92.5/95.5/101.5/101.5cm
胸圍　95/98/104/110cm

● 材料

格紋布 110cm寬×300cm
黏著襯40×100cm
釦子直徑1cm8個

裁布圖

格紋布C

※裡領・裡台領貼上黏著襯

領子（2片）

摺雙

台領（2片）

前片（1片）

（3.5）

（3）

後片（1片）

300cm

110cm

前　後
袖子（1片）

（4）

後　前
袖子（1片）

（4）

（3）

※除了指定處之外，縫份皆為1cm。
※▨▨貼上黏著襯。

準備

貼上黏著襯

裡領（背面）

裡台領（背面）

製作順序

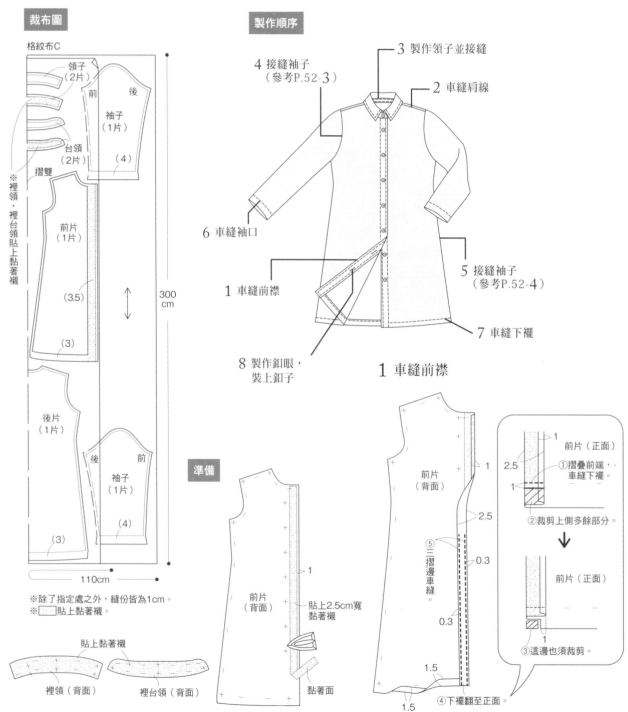

4 接縫袖子
（參考P.52-3）

3 製作領子並接縫

2 車縫肩線

6 車縫袖口

1 車縫前襟

8 製作釦眼，裝上釦子

5 接縫袖子
（參考P.52-4）

7 車縫下襬

1 車縫前襟

前片（背面）

1

貼上2.5cm寬黏著襯

黏著面

前片（背面）

1

2.5

⑤三摺邊車縫。

0.3

0.3

1.5
1.5

④下襬翻至正面。

2.5
1

①摺疊前端，車縫下襬。

1

前片（正面）

②裁剪上側多餘部分。

前片（正面）

③這邊也須裁剪。

2 車縫肩線

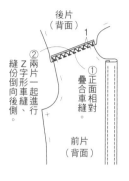

後片（背面）

②兩片一起進行Z字形車縫、縫份倒向後側。

1

①正面相對疊合車縫。

前片（背面）

3 製作領子並接縫

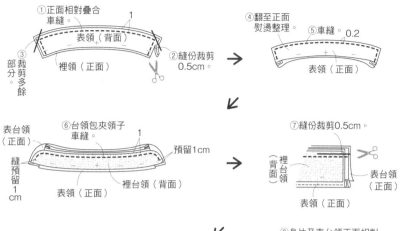

①正面相對疊合車縫

1

表領（背面）

裡領（正面）

③裁剪多餘部分。

②縫份裁剪0.5cm。

④翻至正面熨燙整理。

⑤車縫。0.2

表領（正面）

表台領（正面）

⑥台領包夾領子車縫。

1

預留1cm

縫份預留1cm

表領（正面）

裡台領（背面）

⑦縫份裁剪0.5cm。

裡台領（背面）

表台領（正面）

表領（正面）

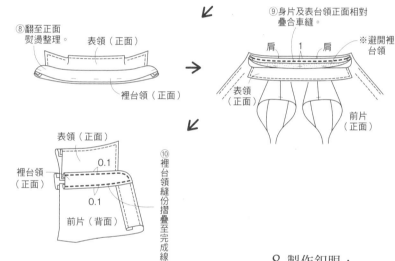

⑧翻至正面熨燙整理。

表領（正面）

裡台領（正面）

⑨身片及表台領正面相對疊合車縫。

肩 1 肩

※避開裡台領

表領（正面）

前片（正面）

表領（正面）

裡台領（正面）

0.1

0.1

前片（背面）

⑩裡台領縫份摺疊至完成線。

4 接縫袖子
（參考P.52-3）

5 車縫脇邊至袖下
（參考P.52-4）

6 車縫袖口

袖子（背面）

0.2

1

3

三摺邊車縫

7 車縫下襬

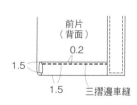

前片（背面）

0.2

1.5

1.5

三摺邊車縫

8 製作釦眼，裝上釦子

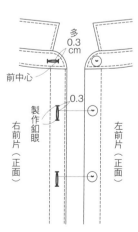

多0.3cm

前中心

0.3

製作釦眼

右前片（正面）

左前片（正面）

錐形褲

PHOTO ▶ P.26

原寸紙型2面【11】
1-前褲管
2-後褲管

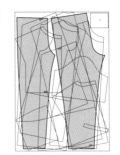

● **完成尺寸（S/M/L/LL尺寸）**
褲長　92.5/94/98/99cm

● **材料**
米白色,丹寧布 155cm寬╳120cm
鬆緊帶2.5cm寬75cm（配合腰圍尺寸調節）

裁布圖

米白色丹寧布

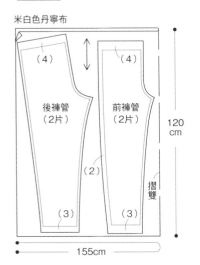

後褲管
（2片）

（4）

前褲管
（2片）

（4）

（2）

（3）　（3）

摺雙

120
cm

155cm

※除了指定處之外，縫份皆為1cm。

製作順序

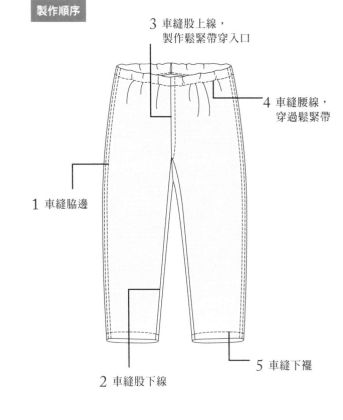

3 車縫股上線，
　製作鬆緊帶穿入口

4 車縫腰線，
　穿過鬆緊帶

1 車縫脇邊

2 車縫股下線

5 車縫下襬

準備

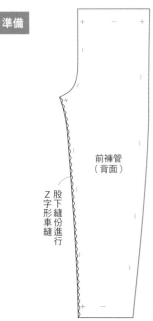

前褲管
（背面）

Z字形車縫

股下縫份進行

※後褲管也以相同方法車縫。

70

1 車縫脇邊

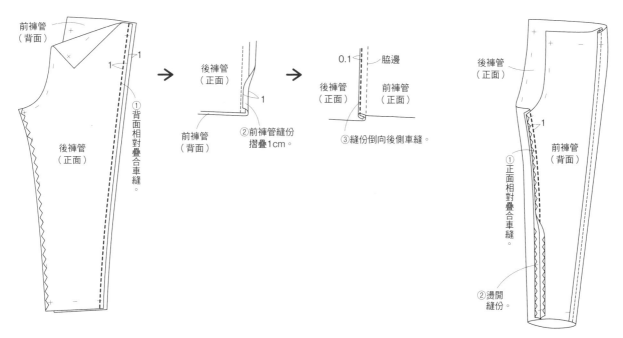

前褲管（背面）

後褲管（正面）

① 背面相對疊合車縫。

1

1

→

後褲管（正面）

前褲管（背面）

② 前褲管縫份摺疊1cm。

1

→

0.1

脇邊

後褲管（正面）

前褲管（正面）

③ 縫份倒向後側車縫。

2 車縫股下線

後褲管（正面）

前褲管（背面）

① 正面相對疊合車縫。

1

② 燙開縫份。

3 車縫股上線，製作鬆緊帶穿入口

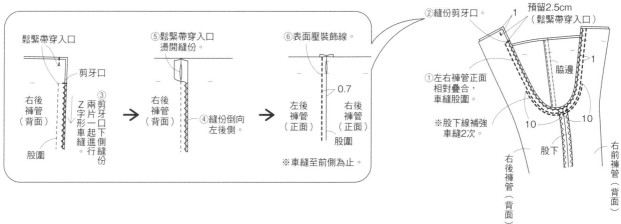

鬆緊帶穿入口

剪牙口

右後褲管（背面）

③ 剪牙口兩片一起進行Z字形車縫。

剪牙口下側縫份

股圍

→

⑤ 鬆緊帶穿入口燙開縫份。

右後褲管（背面）

④ 縫份倒向左後側。

→

⑥ 表面壓裝飾線。

左後褲管（正面）

右後褲管（正面）

0.7

股圍

※ 車縫至前側為止。

② 縫份剪牙口。

1

預留2.5cm（鬆緊帶穿入口）

1

脇邊

① 左右褲管正面相對疊合，車縫股圍。

※ 股下線補強車縫2次。

10

10

股下

右後褲管（背面）

右前褲管（背面）

4 車縫腰線，穿過鬆緊帶

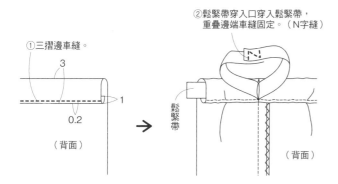

① 三摺邊車縫。

3

1

0.2

（背面）

→

② 鬆緊帶穿入口穿入鬆緊帶，重疊邊端車縫固定。（N字縫）

鬆緊帶

（背面）

5 車縫下襬

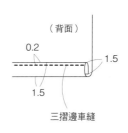

（背面）

0.2

1.5

1.5

三摺邊車縫

長版開襟衫

PHOTO ▶ P.28 · P.37

原寸紙型1面【03】
1-前片
2-後片
3-袖子

※口袋使用1面【01】-5
船形領連身裙
口袋紙型

● **完成尺寸（S/M/L/LL尺寸）**
衣長　105.5/108.5/114.5/114.5cm
胸圍　101/104/110/116cm

● **材料**
（春夏）棉質亞麻丹寧布 140cm寬×260/260/270/270cm
（秋冬）羊毛格紋紗布 135cm寬×260/260/270/270cm
（共同）止伸織帶1cm寬40cm

裁布圖

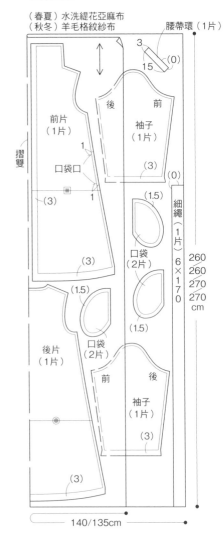

（春夏）水洗緹花亞麻布
（秋冬）羊毛格紋紗布

腰帶環（1片）
3
15
(0)

前片
（1片）

摺雙

後
前
袖子
（1片）
(3)
(0)

口袋口
1
(3)
1

細繩
（1片）
6×170

(1.5)
口袋
(2片)
(1.5)

口袋
(2片)
(1.5)

260
260
270
270
cm

後片
（1片）

前
後
袖子
（1片）
(3)

(3)

140/135cm

※除了指定處之外，縫份皆為1cm。
※▦上止伸織帶。
※腰帶環、細繩依標示尺寸直接裁剪。
※依指定連接紙型使用。
※從上至下側S/M/L/LL尺寸。

製作順序

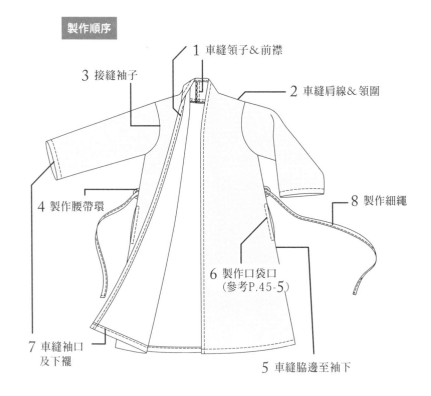

1 車縫領子&前襟
3 接縫袖子
2 車縫肩線&領圍
8 製作細繩
4 製作腰帶環
6 製作口袋口
（參考P.45-5）
7 車縫袖口
及下襬
5 車縫脇邊至袖下

準備

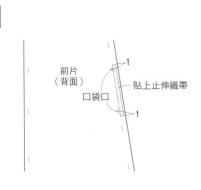

前片
（背面）
1
貼上止伸織帶
口袋口
1

72

1 車縫領子&前端

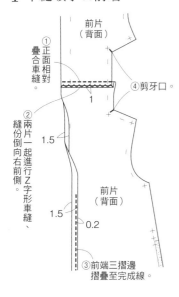

前片（背面）

① 正面相對疊合車縫。

④ 剪牙口。

② 兩片一起進行Z字形車縫、縫份倒向右前側。

1

1.5

1.5

0.2

前片（背面）

③ 前端三摺邊摺疊至完成線。

2 車縫肩線&領圍

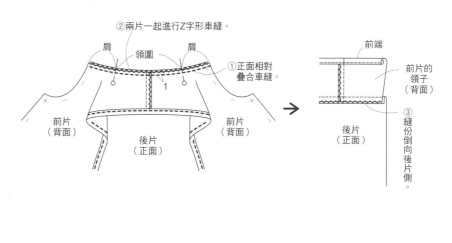

② 兩片一起進行Z字形車縫。

肩　領圍　肩

① 正面相對疊合車縫。

1

前片（背面）

前片（背面）

後片（正面）

前端

前片的領子（背面）

後片（正面）

③ 縫份倒向後片側。

3 接縫袖子

② 兩片一起進行Z字形車縫，縫份倒向身片側。

後片（背面）　前片（背面）

1

① 正面相對疊合車縫。

袖子（背面）

4 製作腰帶環

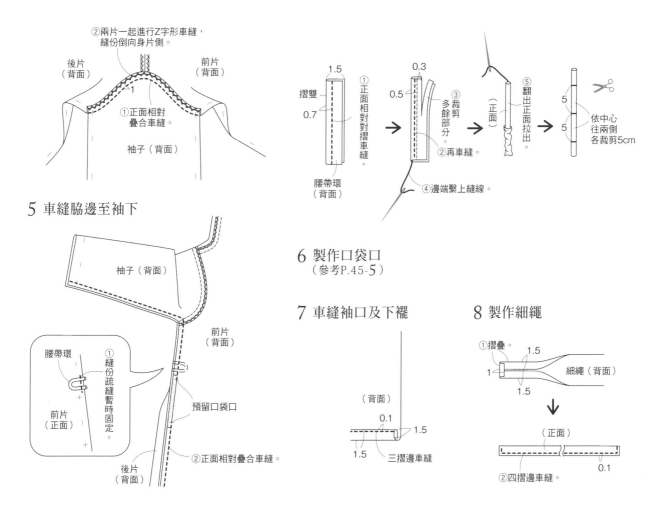

1.5

摺雙

0.7

腰帶環（背面）

① 正面相對對摺車縫。

0.3

0.5

② 再車縫。

③ 裁剪多餘部分。

（正面）

④ 邊端繫上縫線。

⑤ 翻出正面拉出

5

5

依中心往兩側各裁剪5cm

5 車縫脇邊至袖下

袖子（背面）

腰帶環

① 縫份疏縫暫時固定

前片（正面）

前片（背面）

預留口袋口

② 正面相對疊合車縫。

後片（背面）

6 製作口袋口
（參考P.45-5）

7 車縫袖口及下襬

（背面）

0.1

1.5

1.5

三摺邊車縫

8 製作細繩

① 摺疊。

1.5

1

1.5

細繩（背面）

（正面）

0.1

② 四摺邊車縫。

立領長版上衣（有袖）	PHOTO ▶ P.32
立領上衣（有袖）	PHOTO ▶ P.33

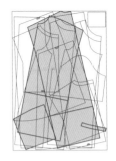

原寸紙型2面
【09】長版上衣
【10】上衣
1-前片
2-後片
3-領子
4-袖子

● **完成尺寸（Free尺寸）**
衣長　長版上衣98cm／上衣73.5cm
胸圍　136cm（共同）

● **材料**
長版上衣　麻布112cm寬×260cm
上衣　藍染條紋布108cm寬×200cm、棉質亞麻布110cm寬×30cm
共同　黏著襯50×10cm

裁布圖

（連身裙）
麻布

※裡領貼上黏著襯。

24
12

袖口布（2片）

（1.5）
袖子（2片）

（2）
前片（2片）
（1.5）
摺雙

（3）

260cm

（3）
後片（1片）
（1.5）

（3）

112cm

（上衣　）
藍染條紋布

領子（2片）

（1.5）
袖子（2片）

（1.5）
前片（2片）
（2）
（3）

摺雙

後片（1片）
（1.5）

（3）

200cm

108cm

（上衣）
棉質亞麻布

領子（2片）

24
12　袖口布（2片）

※裡領貼上黏著襯。

摺雙

110cm

30cm

※除了指定處之外，縫份皆為1cm。
※▨▨▨上黏著襯。
※袖口布依標示尺寸直接裁剪。

製作順序

長版上衣

2 車縫肩線　　3 製作領子・接縫

1 車縫前中心

6 製作袖子・接縫

4 車縫脇邊&開衩

5 車縫下襬

上衣

1～5 參考P.38

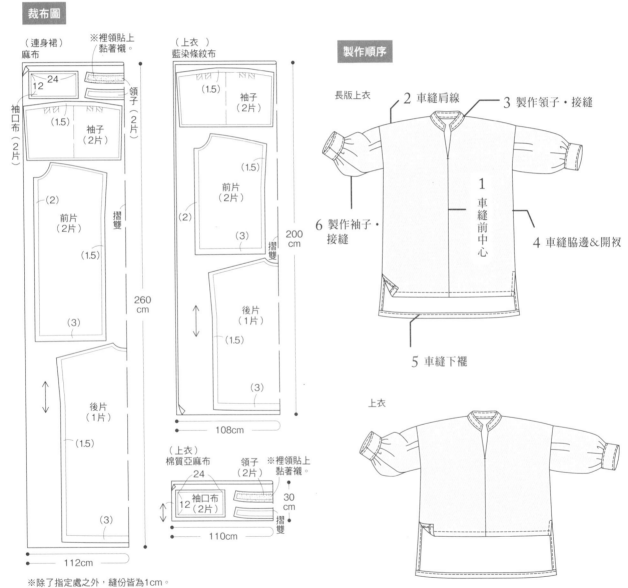

6 製作袖子・接縫

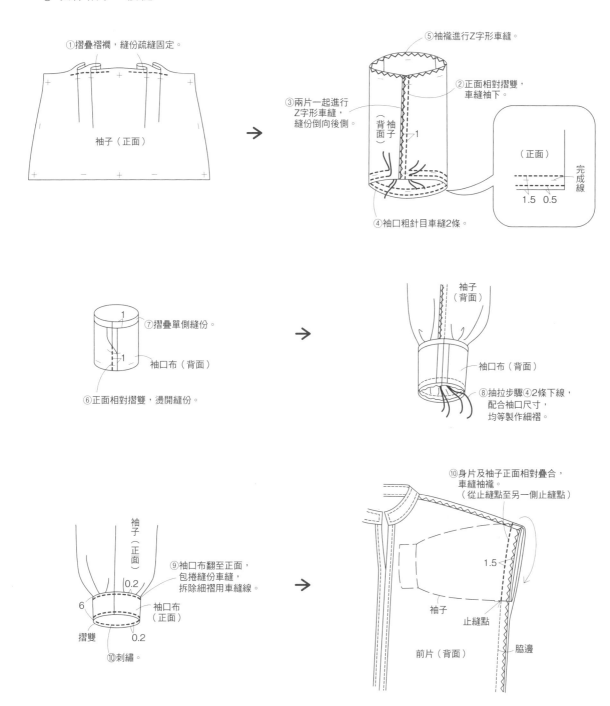

①摺疊褶襉，縫份疏縫固定。

袖子（正面）

⑤袖襱進行Z字形車縫。

③兩片一起進行Z字形車縫，縫份倒向後側。

②正面相對摺雙，車縫袖下。

背面（袖子）

1

（正面）

完成線

1.5 0.5

④袖口粗針目車縫2條。

1

1

⑦摺疊單側縫份。

袖口布（背面）

⑥正面相對摺雙，燙開縫份。

袖子（背面）

袖口布（背面）

⑧抽拉步驟④2條下線，配合袖口尺寸，均等製作細褶。

袖子（正面）

0.2

6

0.2

摺雙

⑨袖口布翻至正面，包捲縫份車縫，拆除細褶用車縫線。

袖口布（正面）

⑩刺繡。

⑩身片及袖子正面相對疊合，車縫袖襱。（從止縫點至另一側止縫點）

1.5

袖子

止縫點

前片（背面）

脇邊

無領大衣

PHOTO ▶ P.34

原寸紙型4面【18】
1-前片
2-前貼邊
3-後片
4-後貼邊
5-袖子
6-袖口貼邊
7-口袋

● 完成尺寸（S/M/L/LL尺寸）
衣長　93.5/96.5/102.5/102.5cm
胸圍　97/100/106/112cm

● 材料
藍染亞麻布 140cm寬×220cm、LIBERTY PRINT 108cm寬×70cm
黏著襯40×100cm、釦子直徑1.3cm7個

裁布圖

藍染亞麻布

後片
（1片）

（4）

摺雙

（4）

前片
（1片）

口袋口

（4）

220cm

前　後
袖子
（1片）

後　前
袖子
（1片）

140cm

LIBERTY PRINT

後貼邊
（1片）
（0）

摺雙

前貼邊
（1片）
（0）

口袋
（2片）

袖口貼邊
（2片）

5.5 5.5

細繩
（2片）

70cm

65

108cm

※除了指定處之外，縫份皆為1cm。
※▨上黏著襯。
※細繩依標示尺寸直接裁剪。

製作順序

2 製作袖子&重疊身片車縫

6 領圍接縫貼邊

1 車縫肩線

4 車縫脇邊至袖下

3 製作細繩

7 車縫前端及下襬

5 車縫口袋

8 製作釦眼，裝上釦子
（參考P.69-8）

準備

肩線縫份進行Z字形車縫

前片

口袋口

黏著襯

黏貼上襯3cm寬

1

1

1

※後片也以相同方法製作。

前貼邊（背面）

貼上黏著襯

※後貼邊也以相同方法製作。

Z字形車縫

口袋
（正面）

摺疊縫份

黏著面

1 車縫肩線

①正面相對疊合車縫。

②燙開縫份。

後片
（正面）

1

前片
（背面）

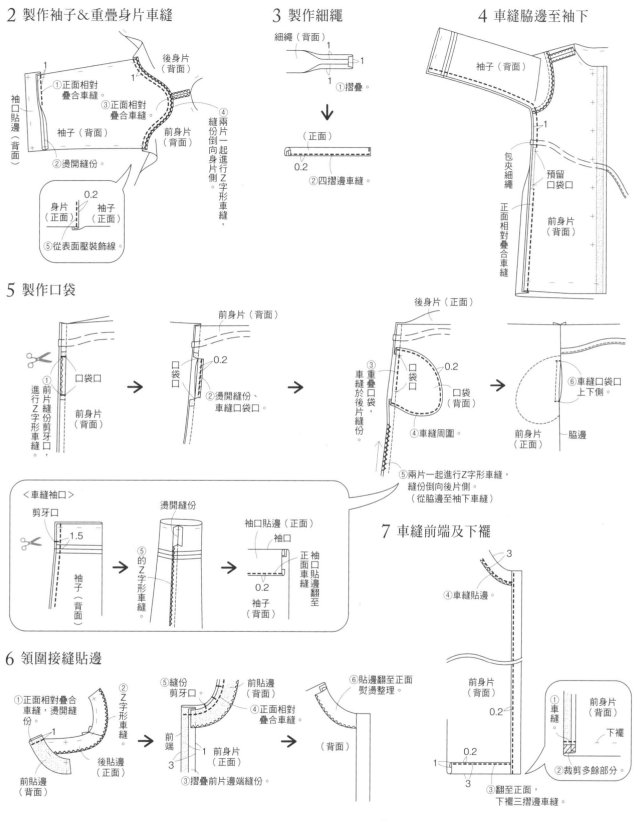

2 製作袖子＆重疊身片車縫

後身片（背面）

①正面相對疊合車縫。

③正面相對疊合車縫。

④兩片一起進行Z字形車縫，縫份倒向身片側。

袖口貼邊（背面）

1

袖子（背面）

前身片（背面）

②燙開縫份。

身片（正面）　　0.2　　袖子（正面）

⑤從表面壓裝飾線。

3 製作細繩

細繩（背面）　1　1

①摺疊。

（正面）

0.2

②四摺邊車縫。

4 車縫脇邊至袖下

袖子（背面）

1

包夾細繩

預留口袋口

正面相對疊合車縫

前身片（背面）

5 製作口袋

前身片（背面）

①前片縫份剪牙口，進行Z字形車縫。

口袋口

前身片（背面）

口袋口

②燙開縫份、車縫口袋口。

0.2

後身片（正面）

③重疊口袋，車縫於後片縫份。

口袋口

口袋（背面）

0.2

④車縫周圍

⑤兩片一起進行Z字形車縫，縫份倒向後片側。（從脇邊至袖下車縫）

⑥車縫口袋口上下側。

前身片（正面）　脇邊

＜車縫袖口＞

剪牙口

1.5

袖子（背面）

⑤的Z字形車縫。

燙開縫份

⑤的Z字形車縫。

袖口貼邊（正面）　袖口

0.2

袖子（背面）

袖口貼邊翻至正面車縫

7 車縫前端及下襬

3

④車縫貼邊。

前身片（背面）

0.2

1

3

③翻至正面，下襬三摺邊車縫。

①車縫

前身片（背面）

下襬

②裁剪多餘部分。

6 領圍接縫貼邊

①正面相對疊合車縫，燙開縫份。

②Z字形車縫。

1

後貼邊（正面）

前貼邊（背面）

⑤縫份剪牙口。

前貼邊（背面）

④正面相對疊合車縫。

前端

1

3

前身片（正面）

③摺疊前片邊端縫份。

⑥貼邊翻至正面熨燙整理。

（背面）

8 製作釦眼，裝上釦子
（參考P.69-8）

羅紋緊身褲

PHOTO ▶ P.14

原寸紙型4面【19】
1-前・後褲管

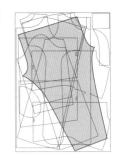

● **完成尺寸（S/M/L/LL尺寸）**

褲長　99/101/105/106cm

● **材料**

天竺棉質布 170cm寬×110cm
鬆緊帶2.5cm寬75cm（配合腰圍尺寸調節）

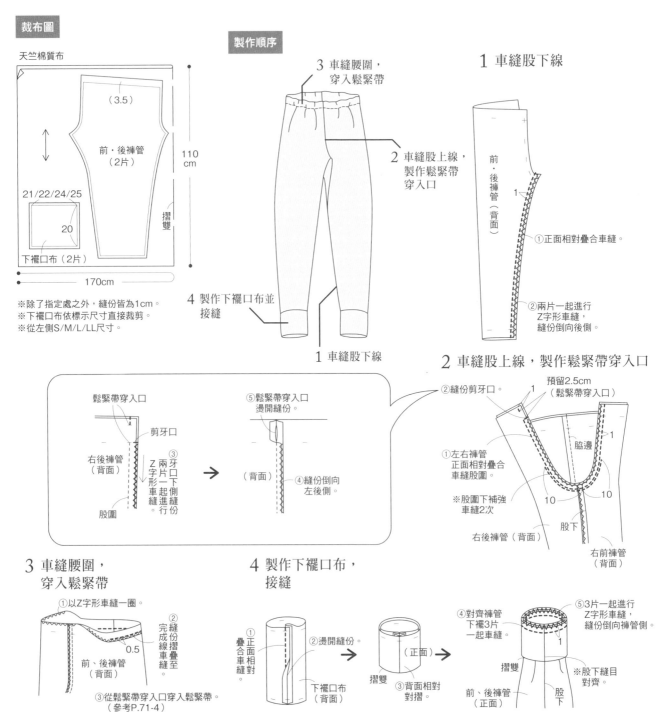

裁布圖

天竺棉質布

（3.5）

前・後褲管
（2片）

110cm

21/22/24/25

20

下襬口布（2片）

摺雙

170cm

※除了指定處之外，縫份皆為1cm。
※下襬口布依標示尺寸直接裁剪。
※從左側S/M/L/LL尺寸。

製作順序

3 車縫腰圍，
穿入鬆緊帶

2 車縫股上線，
製作鬆緊帶
穿入口

4 製作下襬口布並
接縫

1 車縫股下線

1 車縫股下線

前・後褲管（背面）

1

①正面相對疊合車縫。

②兩片一起進行
Z字形車縫，
縫份倒向後側。

鬆緊帶穿入口

剪牙口

右後褲管
（背面）

③Z字形車縫。兩片一起進行

牙口下側縫份

股圍

⑤鬆緊帶穿入口
燙開縫份。

（背面）

④縫份倒向
左後側。

2 **車縫股上線，製作鬆緊帶穿入口**

②縫份剪牙口。

預留2.5cm
（鬆緊帶穿入口）

1

①左右褲管
正面相對疊合
車縫褲圍。

※股圍下補強
車縫2次

脇邊

1

10

10

右後褲管（背面）

股下

右前褲管
（背面）

3 **車縫腰圍，穿入鬆緊帶**

①以Z字形車縫一圈。

②縫份摺疊至完成線車縫

0.5

前・後褲管
（背面）

③從鬆緊帶穿入口穿入鬆緊帶。
（參考P.71-4）

4 **製作下襬口布，接縫**

①疊合相對正面車縫

②燙開縫份。

下襬口布
（背面）

③背面相對
對摺。

摺雙

（正面）

④對齊褲管
下襬3片
一起車縫。

⑤3片一起進行
Z字形車縫，
縫份倒向褲管側。

1

摺雙

前・後褲管
（正面）

股下

※股下縫目
對齊。

環保袋

PHOTO ▶ P.34

原寸紙型1面【04】
1-本體

● **完成尺寸**
寬60cm×高73cm×側身14cm

● **材料**
亞麻素色布 110cm寬×160cm

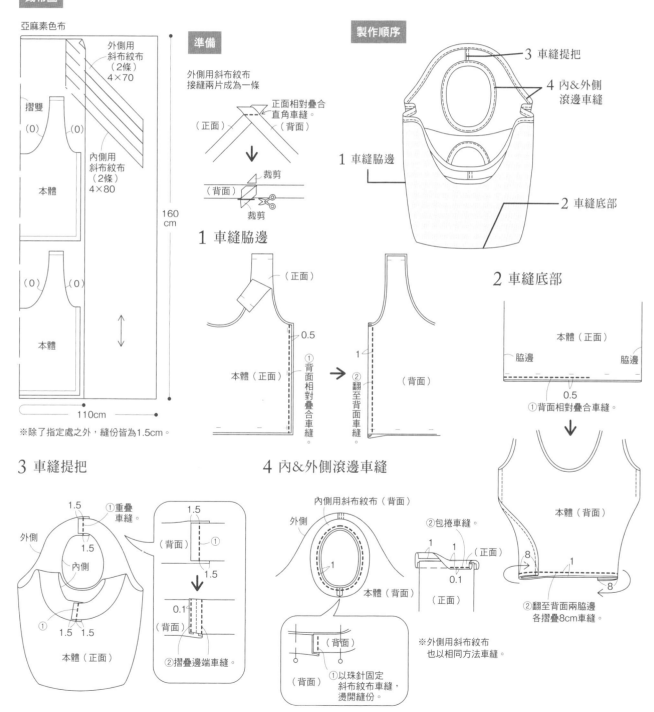

裁布圖

亞麻素色布

外側用
斜布紋布
（2條）
4×70

摺雙

（0）　（0）

內側用
斜布紋布
（2條）
4×80

本體

（0）　（0）

本體

160
cm

110cm

※除了指定處之外，縫份皆為1.5cm。

準備

外側用斜布紋布
接縫兩片成為一條

正面相對疊合
直角車縫。

（正面）
（背面）

裁剪
（背面）
裁剪

1 車縫脇邊

（正面）

0.5

本體（正面）

① 背面相對疊合車縫。

1
② 翻至背面車縫。

（背面）

製作順序

3 車縫提把

4 內&外側
滾邊車縫

1 車縫脇邊

2 車縫底部

2 車縫底部

本體（正面）

脇邊　　　　　脇邊

0.5
① 背面相對疊合車縫。

本體（背面）

8　　　　1
8

② 翻至背面兩脇邊
各摺疊8cm車縫。

3 車縫提把

① 重疊車縫。

1.5

1.5

外側

內側

1.5

1.5　1.5

①

本體（正面）

1.5

（背面）

①

1.5

0.1

（背面）

① ② 摺疊邊端車縫。

4 內&外側滾邊車縫

內側用斜布紋布（背面）

外側

② 包捲車縫。

1　　1

（正面）

0.1
1
（正面）

本體（背面）

（背面）

（背面）
① 以珠針固定
斜布紋布車縫，
燙開縫份。

※外側用斜布紋布
也以相同方法車縫。

國家圖書館出版品預行編目(CIP)資料

May Me style簡單穿就好看！大人女子の生活感製衣書：25款日常實穿連身裙・長版上衣・罩衫 / 伊藤みちよ著；洪鈺惠譯.
-- 三版. – 新北市：雅書堂文化, 2023.01
面；　公分. -- (Sewing縫紉家; 22)
ISBN 978-986-302-662-4(平裝)
1.縫紉 2.衣飾

426.3　　　　　　　　　　111021670

🔷 Sewing 縫紉家 22

May Me Style

簡單穿就好看！
大人女子の生活感製衣書：
25款日常實穿連身裙・長版上衣・罩衫
【附贈兩大張S・M・L・LL原寸紙型】

作　　者／伊藤みちよ
譯　　者／洪鈺惠
發 行 人／詹慶和
執行編輯／黃璟安・劉蕙寧
編　　輯／蔡毓玲・陳姿伶
封面設計／韓欣恬・周盈汝
美術編輯／陳麗娜
內頁排版／造極彩色印刷
出 版 者／雅書堂文化事業有限公司
發 行 者／雅書堂文化事業有限公司
郵撥帳號／18225950　郵政劃撥戶名：雅書堂文化事業有限公司
地　　址／新北市板橋區板新路206號3樓
網　　址／www.elegantbooks.com.tw
電子郵件／elegant.books@msa.hinet.net
電　　話／(02)8952-4078
傳　　真／(02)8952-4084

2017年5月初版一刷
2020年1月二版一刷
2023年1月三版一刷　定價／380元

Satto Tsukurete Sutto Kirareru Otona no One –piece to Tunic (NV80501)
Copyright © MICHIYO ITO / NIHON VOGUE-SHA 2016
All rights reserved.
Photographer:Kentaro Hisadomi (SPUTNIC),Noriaki Moriya
Original Japanese edition published in Japan by Nihon Vogue Co., Ltd.
Traditional Chinese translation rights arranged with Nihon Vogue Co., Ltd.
through Keio Cultural Enterprise Co., Ltd.
Traditional Chinese edition copyright © 2020 by Elegant Books Cultural
Enterprise Co., Ltd.、

經銷／易可數位行銷股份有限公司
地址／新北市新店區寶橋路235巷6弄3號5樓
電話／(02)8911-0825　傳真／(02)8911-0801

版權所有・翻印必究

May Me

伊藤みちよ

HP　http://www.mayme-style.com
FB　https://www.facebook.com/MayMe58

擅長以「不受到流行左右經得起時間考驗的簡單設計，每次都讓人忍不住想穿上的百搭款式」，以製作成人款式為主題設計。簡單洗練的作品，深受廣大讀者的喜愛支持。出版的作品集也具有極高的人氣。著有《365日都百搭！穿出線條のMay me自然風手作服》、《休閒＆聚會都ok！穿出style のMay Me大人風手作服》、《自然簡約派的大人女子手作服》、《在家自學縫紉的基礎教科書》等，以上繁體中文版皆由雅書堂文化出版，現為VOGUE學園講師。

Staff

美術設計／大藪 胤美（フレーズ）　　　模 特 兒／カリーナ
封面設計／川內栄子（フレーズ）　　　作法解説／網田ようこ
攝　　影／久富健太郎（SPUTNIC）　　製作方法／加山明子
　　　　　　森谷則秋（製作過程）　　　紙型製作／有限会社セリオ
造 型 師／佐藤かな　　　　　　　　　　編　　輯／浦崎朋子
髮 型 師／AKI

布料提供

● 生地のお店プチファボリ　http://www.rakuten.ne.jp/gold/petitfavori/
● きれ屋さんぽぷり　http://www.kireyasan-popuri.com/
● 布のお店 ソールパーノ　http://www.rakuten.co.jp/solpano/
● （株）ノムラテーラー　http://www.nomura-tailor.co.jp/shop/
● fabric-store　http://www. fabric-store.jp/
● fabricbird　http://www.rakuten.ne.jp/gold/ fabricbird
● Faux&Cache+Inc.　http://www.fauxandcachetinc.com
● 安田商店
● リネンドルチェ　http://www.linendolce.com

工具提供

● クロバー株式會社

May Me Style

量身訂作手作服OK！
在家自學縫紉の
基礎教科書

伊藤みちよ◎著
平裝112頁／全彩／19×26cm
定價450元

一台縫紉機
作出最實穿&好搭配の
個人風格手作服！

May Me Style

縫紉機的基礎入門、工具、紙型的準備、布料的處理、斜布條收邊的應用⋯⋯
開始裁縫前的工序非常繁多,但只要準備齊全,其實就等於完成了一半!
本書專為手作服初學者規劃了完整的基礎教學,所有縫紉新手會遇到的問題都有詳細的教
學指引。只要跟著「基本的縫製過程」單元打下完整的基礎,再逐步進入各作品的實際製
作,就能作出高水準的完成度喔!
本書作品均附有 S ╱ M ╱ L ╱ LL 等不同尺寸的原寸紙型&裁布配置圖,既方便讀者立即
使用,也可從中領略製版&配布的小訣竅。請以愉悅的心情享受自製手作服的樂趣,
為個人衣櫃加入獨家品牌的得意作品吧!

簡單穿就好看！